造宅记

一看就懂的装修攻略

巩建　等编著

本书分为七章，从装前必知、建材选择、避坑指南、收纳布局技巧等方面，讲解装修流程前中后所涉及的诸多重要知识点，内容专业、细致、实用，类似一本“装修词典”，随用随查，有装修需求的人看这一本书几乎就能从容应对整个装修流程。全书以资深设计师的亲身经验所撰写，添加了施工中真实的经历作为点缀，形象地展现了装修过程中会涉及的种种不易察觉的陷阱，书中更是采用插图配合文字的形式生动地进行讲解，摆脱了装修知识的生涩感，让人读起来更加轻松、印象深刻，非常适合有装修需求的业内外人士。

图书在版编目（CIP）数据

一看就懂的装修攻略 /巩建等编著. —北京：机械工业出版社，2022.7

（造宅记）

ISBN 978-7-111-71193-3

Ⅰ. ①一…　Ⅱ. ①巩…　Ⅲ. ①住宅—室内装修—基本知识　Ⅳ. ①TU767

中国版本图书馆CIP数据核字（2022）第121295号

机械工业出版社（北京市百万庄大街22号　邮政编码100037）
策划编辑：时　颂　　　　责任编辑：何文军　时　颂
责任校对：薄萌钰　王明欣　封面设计：鞠　杨
责任印制：张　博
北京华联印刷有限公司印刷
2022年9月第1版第1次印刷
148mm×210mm · 5.375印张 · 150千字
标准书号：ISBN 978-7-111-71193-3
定价：49.00元

电话服务
客服电话：010-88361066
010-88379833
010-68326294

网络服务
机　工　官　网：www.cmpbook.com
机　工　官　博：weibo.com/cmp1952
金　　书　　网：www.golden-book.com
机工教育服务网：www.cmpedu.com

前言

每套刚买到手的住宅，都算不得真正意义上的“完整”，经过几个月或者长达一两年的设计和装修后，一个真正属于业主的“避风港”才算是真正落成。

装修中有数不清的细节需要注意：流程、材料、水电、布局、动线、收纳、安全性等，让人眼花缭乱。

由于少部分装修行业人员的不负责任，导致业主需要辨别剖析的问题越来越多，需要懂得大量的装修知识以避开装修中可能会出现的陷阱。比如防水没有做好导致住宅后期漏水，布局没好好规划，装修好之后只能在一套“别扭”的住宅里生活几十年等。

买到房和住到喜欢的住宅里是完全不同的概念，就像“住宅”和“家”两个名称的区别。

一个真正的“家”是什么样子呢？首先进门就会让人感到舒服，色调、风格、品质都是自己喜欢的，家中每一样东西都有自己的位置，动线布局合理，每走一步都是顺畅的。

作为一个从事装修设计行业20多年的设计师，作者见证了许多“住宅”变成“家”的过程，在收集整理业主对“家”的需求时，作者感觉自己像用丝线有节奏地穿珠子，那些珠子最后变成一串璀璨的项链呈现出来。

作者参加过近百期的装修类综艺节目，所以对业主的装修需求有更多经验和感受，并把这些经验都整理到本书中。为了方便读者理解，本书中一些装修流程和“避坑”技巧都是结合作者从业的真实经验及经历去讲述的，一些需要突出的重点部分都配有专业的插图进行解析，这些都会让读者很轻松地去理解并记住装修中的一些重点。

除了硬装施工部分，装修中需要注意的布局、收纳、材料等部分本书中也会有详细的讲解，业外人士在装修前完整浏览几遍，几乎就能应对大部分的装修环节，对装修有一定了解的人也可以通过本书查漏补缺，看完肯定会有所收获。

虽然作者经常感慨装修设计是个折磨人的行业，但是每当看着自己的创意一点点展现的时候，看到业主见到新家对未来生活充满希望的时候，都让作者觉得装修似乎就像孕育一个新生命一样让人觉得美妙。

让更多人觉得装修不是那么让人恼火的事情，这可能才是作者作为一个设计师存在的意义。

伦琴设计　巩建

2022年5月7日

目录

前言

第一章　准备工作——装修前必知 …… 1

（一）确定可以承受的装修预算范围 …… 2
1. 住宅类型认知 …… 2
2. 主材价格计算 …… 3
3. 辅料价格计算 …… 3
（二）自己测量一遍住宅面积 …… 4
（三）确定家庭汇总沟通人 …… 5
（四）找设计师、确认需求 …… 5
1. 不需要设计师的情况 …… 6
2. 比较适合找设计师的情况 …… 6
3. 风格需求 …… 6
4. 实用性需求 …… 8
5. 怎样选择适合的设计师 …… 9
6. 特殊设计需求 …… 10
（五）选择施工方 …… 10
1. 全包模式 …… 11
2. 半包模式 …… 11
3. 清包模式 …… 12
4. 如有需要，应请监理公司 …… 12
（六）审核装修预算 …… 12
1. 自己如何做预算 …… 13
2. 装修合同中的预算清单 …… 15
（七）签订装修合同 …… 16
1. 工期约定 …… 16
2. 付款方式 …… 17
3. 增减项目 …… 18
4. 保修条款 …… 20
5. 水电改造费用 …… 21
6. 监理 …… 22

第二章　必做功课——建材选购常识 …… 23

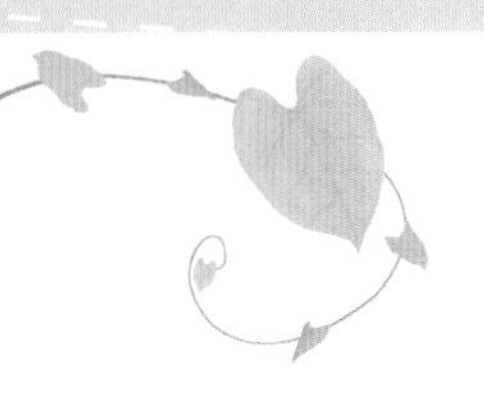

（一）木地板 …………………… 24

1. 强化地板 …………………… 24

2. 实木地板 …………………… 25

3. 实木复合地板 ……………… 26

（二）瓷砖 …………………… 27

1. 听声音 ……………………… 29

2. 看吸水率 …………………… 29

3. 看颜色 ……………………… 29

4. 看质感 ……………………… 29

5. 测防滑性能 ………………… 30

6. 看工艺 ……………………… 30

7. 选规格 ……………………… 30

8. 看价格 ……………………… 31

（三）涂料 …………………… 31

1. 乳胶漆 ……………………… 32

2. 低档水溶性涂料 …………… 32

3. 新型泥类粉末涂料 ………… 32

（四）定制家具 ……………… 34

（五）新风系统 ……………… 35

（六）中央空调 ……………… 36

（七）地暖、暖气 …………… 37

1. 取暖方式 …………………… 37

2. 各自优势 …………………… 37

3. 各自劣势 …………………… 37

4. 水暖布局 …………………… 39

（八）窗户 …………………… 41

（九）门 ……………………… 42

（十）吊顶 …………………… 43

（十一）橱柜 ………………… 44

（十二）洁具 ………………… 48

1. 坐便器 ……………………… 48

2. 洗手盆 ……………………… 50

3. 花洒 ………………………… 51

（十三）五金 ………………… 51

（十四）过门石 ……………… 52

（十五）楼梯 ………………… 52

第三章　施工流程——装修的详细步骤 …………………… 55

（一）办理开工手续 ………… 56

（二）向物业要原结构图 …… 56

（三）了解物业装修规定 …… 56

（四）开工交底 ……………… 57

（五）拆除 …………………… 58

（六）室内结构改造 ………… 59

（七）水电交底 ……………… 59

（八）水电改造 ……………… 60

1. 根据生活习惯进行合理水电改造 ……………………… 60

2. 水路改造注意事项 ………… 60

3. 电路改造注意事项………61
4. 中央空调需要提前进场…62
5. 装修前后期应用同一位水电施工人员……………………62
（九）水电验收 ………………63
1. 水电需要边改造边进行验收……………………………63
2. 水管压力测试注意事项…63
3. 电路验收方法………………64
4. 记录水路和电路的位置…64
（十）木工 ……………………65
1. 检查材料……………………65
2. 不要让木工做过于复杂的工艺……………………………65
3. 木工是承上启下的重要角色……………………………66
（十一）泥瓦工 ………………67
1. 防水试验……………………67
2. 闭水试验……………………68
3. 贴砖…………………………68
（十二）油工 …………………71
1. 油工工期避开雨季………71
2. 石膏板贴布…………………71
3. 刷涂料最好不要返工覆盖……………………………72
4. 滚涂和喷涂的区别………72
5. 油工验收注意事项………73
（十三）主材安装 ……………73
1. 主材安装顺序………………73
2. 厨卫安装三次上门………74
3. 打孔需谨慎…………………74
（十四）综合验收 ……………75
（十五）墙面修补、保洁 ……75
（十六）摆放家具 ……………76
1. 家具规格……………………76
2. 家具风格……………………78
3. 家具材质……………………78
（十七）灯具 …………………79
1. 主光源灯和辅助光源灯的区别…………………………79
2. 辅助光源灯的照明层次…80
3. 选购主光源灯的要点……80
（十八）壁纸 …………………81
1. 壁纸的种类…………………81
2. 壁纸的优势和劣势………82
3. 壁纸的损耗…………………82
（十九）布艺 …………………83
1. 购买窗帘“避坑”指南…83
2. 地毯选购指南………………84
（二十）装饰画 ………………85

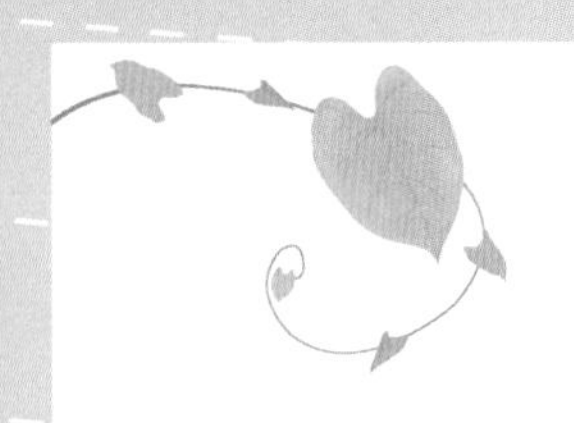

1. 装饰画是提升住宅气质和品位的关键因素………… 85
2. 装饰画布局………………… 86
3. 买名家画作值不值得…… 87
（二十一）植物 ……………… 87
（二十二）饰品 ……………… 89
（二十三）散味 ……………… 91
（二十四）入住 ……………… 92

第四章　小心陷阱——装修避坑指南…………………… 93

（一）钓鱼式工程 …………… 94
（二）打乱预算 ……………… 95
（三）材料供应 ……………… 96
（四）装修工序 ……………… 97
1. 贴砖工序中的陷阱……… 97
2. 墙面基础工序中的陷阱… 98
3. 防水工程中的陷阱……… 98
4. 铺设管道中的陷阱……… 98
（五）设计中的陷阱 ………… 99
（六）装修污染 …………… 100
（七）监理 ………………… 100
（八）保留证据 …………… 101
1. 监理整改单据留存…… 101
2. 验收单据留存………… 102
3. 安全隐患证据留存…… 103
4. 施工方个人信息证件留存…………………… 103
5. 发票证据留存………… 104

第五章　改善环境——科学布局方法…………………… 105

（一）插座及开关的布局 … 106
1. 开关类型……………… 106
2. 插座类型……………… 107
3. 插座及开关的安装高度……………………… 108
4. 插座及开关在家中各区域的布局……………………… 109
（1）玄关 ……………… 109
（2）客厅 ……………… 110
（3）厨房 ……………… 112
（4）卧室 ……………… 112
（5）餐厅 ……………… 113
（6）卫生间 …………… 114
（二）空间布局 …………… 114
1. 玄关空间布局………… 115
2. 客厅空间布局………… 116

3. 餐厅空间布局………… 118
4. 厨房空间布局………… 120
5. 卧室空间布局………… 121
6. 卫生间空间布局……… 122
（三）灯光布局 …………… 124
1. 照明方式……………… 124
2. 色温…………………… 124
3. 各空间灯光布局……… 126
（1）玄关灯光布局…… 126
（2）客厅灯光布局…… 127
（3）餐厅灯光布局…… 128
（4）厨房灯光布局…… 128
（5）卧室灯光布局…… 129
（6）卫生间灯光布局… 130

第六章 井井有条——高效收纳术……………… 131

（一）正视物品分类 ……… 132
1. 垂直空间收纳………… 132
2. 分类要有条理………… 133
3. 收纳箱的选择………… 133
4. 收纳分层，便于拿取… 134
5. 选择靠谱的收纳工具… 134
6. 独立收纳空间………… 135
（二）各区域高效收纳 …… 135
1. 玄关收纳……………… 135
（1）通道玄关柜……… 136
（2）悬空柜…………… 136
（3）上柜下柜………… 136
（4）玄关墙面收纳…… 137
（5）收纳式换鞋凳…… 137
（6）雨伞架…………… 137
2. 客厅收纳……………… 138
（1）组合式电视柜…… 138
（2）整面墙电视柜…… 139
（3）墙面 + 搁板……… 139
3. 卧室收纳……………… 140
（1）衣柜……………… 140
（2）带有储物功能的床……………… 141
（3）床尾储物凳……… 141
4. 餐厨收纳……………… 142
（1）抽屉收纳………… 142
（2）转角收纳………… 143
（3）上翻收纳………… 144
（4）墙面收纳………… 144
（5）餐边柜收纳……… 145
（6）卡座收纳………… 146

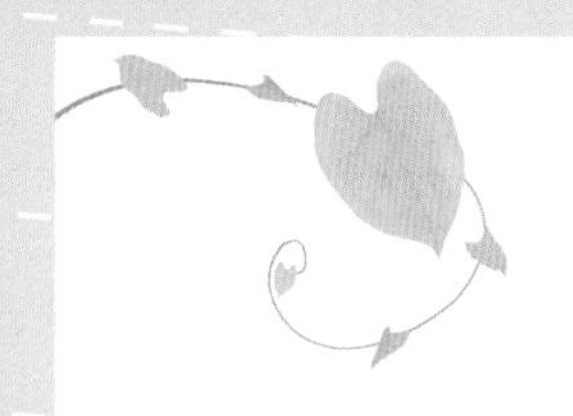

5. 卫生间收纳………… 146

（1）镜柜收纳………… 146

（2）梯形收纳架……… 147

（3）壁龛收纳………… 148

（4）插座收纳………… 148

（5）坐便器落地置物架收纳………… 149

（三）拥有好的生活习惯… 150

1. 给每一件物品“安家”……………… 150

2. 物品位置需合理……… 151

3. 定期整理，物归其位… 151

第七章　健康生活——打造环保之家………………… 153

（一）有装修就有污染…… 154

（二）环保材料不能完全避免污染………………… 154

（三）没有异味污染指数也会超标………………… 155

（四）身体没问题也不是绝对安全………………… 155

（五）通风散味方法并不彻底………………… 156

（六）污染要在源头控制… 156

（七）植物无法真正解决室内污染………………… 156

（八）活性炭不能完全解决污染………………… 157

（九）环保检测建议分两次进行………………… 157

（十）室内环境治理最好事先介入………………… 157

（十一）选板式家具一定要注意质量………… 158

（十二）装修中尽量减少板材的使用……………… 158

（十三）简单的检测方法… 159

第一章

准备工作——装修前必知

（一）确定可以承受的装修预算范围

确定装修预算范围指的是在装修之前根据自己的经济能力或者其他因素来确定自己所能承受的价格范围。例如受住宅类型（临时购房、二手房、改善型住宅等）、住宅面积、住宅格局（两室、三室等）等因素的影响，会导致装修预算差别很大。

1. 住宅类型认知

要居住多少年？中间会不会换房？要根据实际情况，确定自己对于住宅属于哪种需求，这关系到选择的建材质量的档次和施工的复杂程度。

首次购房装修，例如60平方米的小型住宅，可能几年以后会面临换房的情况，这种小型住宅便属于过渡型住宅，在确保装修质量和环保的前提下，可以选择中低端的装修材料。

面临家庭成员的增加，住宅需要更大的住宅面积和更长的居住时间，这种住宅便属于改善型住宅，在装修的时候可以选择中高端的装修材料。

▲ 住宅类型认知

2. 主材价格计算

在做详细的装修预算清单之前，可以去建材商城了解一下各类主材的价格。主材包含瓷砖、洁具、橱柜、门、灯具、开关、插座、热水器、水龙头、花洒、抽油烟机、灶具、水槽等。

确定了自己所需装修材料的价格后，然后进行价格计算，但此时计算出的价格并不是最终的结果，因为在选材时往往会忽略一些零碎的材料，所以在此基础上，还要需要增加大约15%的装修预算。

例如主材价格为10万元，那么还需要增加大约1.5万元的预算，由此最终装修预算大约控制在11.5万~12万元。

3. 辅料价格计算

辅料包含水泥砂浆、石膏板、砂子、电线、腻子、乳胶漆等。

辅料价格与主材价格的比例约为2：3，如果主材价格为12万元，辅料价格则为8万元左右，那整体的装修预算则为21万元左右，因为实际装修预算会产生约5%的误差。

（二）自己测量一遍住宅面积

虽然装修公司会精准测量住宅面积，但业主提前对住宅进行面积测量也是非常有必要的。因为测量尺寸稍有误差，后期墙体和地面装修的误差会变得更大。如果住宅套内建筑面积为120平方米，那需要刷涂料的面积约为300~400平方米，进行墙面面积测量的时候，如果每面墙长度和高度的误差各有10厘米，那墙面整体面积误差就是0.1平方米，累计则会更多。

如果业主把每面墙的长度和宽度都测量好，这样就会对住宅信息掌握得更加全面和精确，在后期面对装修公司的报价的时候，针对几个大项目，如墙面粉刷面积、地板铺设面积、找平面积等，就能做到心中有数，不会轻易被骗。

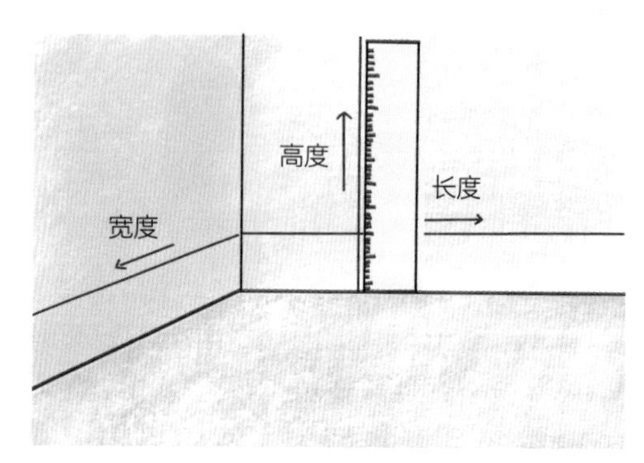

▲ 测量住宅面积

（三）确定家庭汇总沟通人

在装修的住宅中，单人居住的情况较少，两口之家或者多口之家居住的情况较多，而且不管哪类住宅的装修，参与其中的家庭成员都会很多，比如夫妻加上双方父母，每个人都会有很多想法，而且意见不统一，如果每个人都去同设计师和施工方沟通，多数情况下会引发双方矛盾，导致施工进程变慢。

正确的做法应该是在装修之前开一个家庭会议，先把每个人的想法汇总，然后统一意见，再选出一个时间宽裕，而且沟通能力比较好的家庭代表，作为沟通人，带着最终达成共识的想法去和装修公司沟通，这样装修公司的对接人会更加清楚整个家庭的装修需求。

（四）找设计师、确认需求

随着社会发展，设计师在装修中发挥的作用越来越被人认可，人们对住宅的功能需求和日益提高的审美需求都需要设计师辅助实现，作为装修中比较关键的角色，大部分装修都是非常有必要请设计师帮助的。优秀的设计师不但会帮业主节省精力，还能帮助业主节省预算。

▲ 设计师

1. 不需要设计师的情况

不想花费太多资金，需求比较简单，可以直接去找施工方施工。

自己对装修比较了解，也有一定审美的情况下则无须设计师帮助。

2. 比较适合找设计师的情况

家庭成员多，但是住宅面积小，需要打造更多私密空间。

住宅面积大，格局比较杂乱，需要请设计师规划格局，更好地利用空间，达到实用和美观兼得。

钟爱某种装修风格，但不知如何更好地呈现。

想要一个功能强大、非常宜居的家，且无从下手。

3. 风格需求

装修风格首先要符合自己的审美标准，有以下几种方法可以确认自己的风格偏好。

根据整个住宅的外部风格来确定室内装修风格：

有些住宅的外观有比较明显的风格特征，比如中式风格、欧式风格等，选择装修风格的时候可以根据其外部风格确定室内装修风格，以达到视觉效果的统一。

根据家庭状况选择装修风格：

如果家里孩子比较小，需要很多的活动空间，那么比较复杂的欧式、法式等风格不建议选择，因为这几种风格装饰元素比较复杂，雕花、棱角等对经常在客厅等公共区域活动的孩子来说不太安全，容易磕碰。

根据面积选择装修风格：

欧式风格、美式风格的家具体积都比较大，美式风格的单人沙发宽度约为1.2米左右，如果房间或客厅进深和宽度都达不到要求，那么这种风格的家具摆放进去后，在视觉上就会显得空间特别小。

▲ 装修风格

4. 实用性需求

在装修之前，有一些实用性需求必须提前告知设计师或者装修公司。比如是否要安装新风系统，很多城市的空气质量并不是很好，如果家庭中有过敏体质、心肺功能不太好或者对空气质量要求比较高的成员，可以考虑安装新风系统。

再比如家庭中各种电器、家具的摆放位置和尺寸，都必须提前确认，不然等到后期会出现插座被床遮住等尴尬场面。

家庭中大部分电器都存在于厨房，冰箱、洗碗机、消毒柜、微波炉、电烤箱等都是厨房设备，而且现在市场上多了很多新型电器，大多不是常规尺寸，功能也各不相同，需要仔细考察。比如很多新型冰箱有底部散热、前方散热、后方散热等多种类型，这会限制冰箱的摆放位置。

业主除了要提前量好电器的尺寸，考虑嵌入式电器的位置，还需要考虑这些电器的总用电量，很多厨房电器的功率都是千瓦级别的，因此需要提前对电器的功率进行汇总，如果这些电器总用电量超过4千瓦，那么截面面积2.5平方毫米的普通照明线是承受不住的，需要改成截面面积4平方毫米或更高级别的线路。

所以这些实用性需求应提前同设计师沟通。

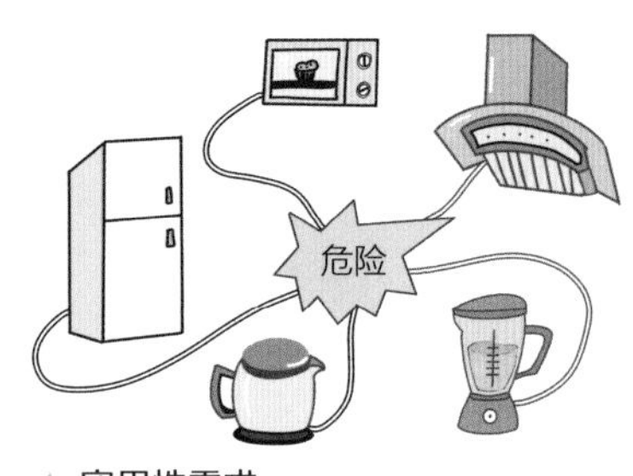

▲ 实用性需求

5. 怎样选择适合的设计师

在寻找设计师的时候会发现他们的设计费用从每平方米几十元到几千元不等，一般人无法去衡量设计师的报价是否合理。设计师的报价是根据自己的经验、水平来对自己能给予客户的服务标准所做出的合理评估，所以找设计师的时候不用太过质疑他们的报价。一般的设计费用收取是按照工程总造价的5%~10%来计算的，如住房装修费用为20万元，那它的设计费用就是2万元左右。

但是选择设计师的时候并不是收费高的就是最适合的，因为设计行业是进行个性化定制服务的行业，有些比较知名的设计师收费高、口碑好、客户多，他们会有自己的助理辅助自己做设计，对于普通的家庭装修过程中可能很少全程跟进，但是费用却不会改变。

要想选择适合自己的设计师，可以先选择自己可以接受的价格范围，比如300元每平方米，然后根据这个价格范围去找设计师，会发现每个设计师的设计理念都是不一样的，初级设计师可能沟通的内容倾向于设计风格，有一些经验的设计师就会和业主较多地聊实用性，高级设计师会和业主深入地聊生活。怎么通过住宅的设计来改善业主的生活，每个层次的设计师理念是不一样的，这些都是需要通过和设计师沟通来选择和自己契合度比较高的设计师，这样会让后期装修的流程非常顺畅。

6. 特殊设计需求

社会中是存在很多特殊家庭的，比如家里有残障人士，就需要无障碍家居设计，或者比较重视儿童成长及教育的家庭，不希望客厅出现电视机，而是改造成读书室，以及希望家中无茶几、无主灯等，这些特殊设计需求都需要提前同设计师沟通。

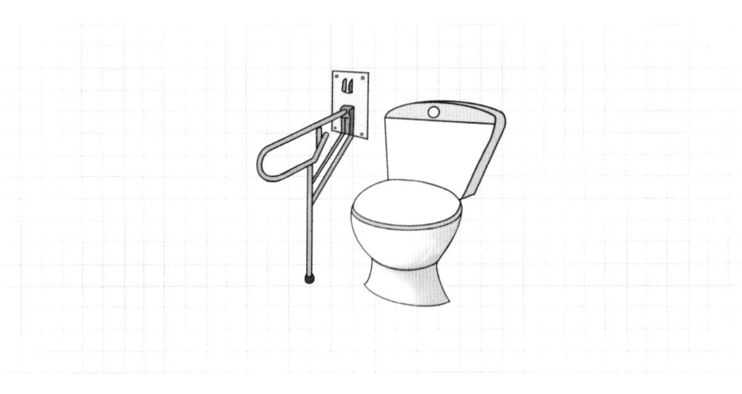

▲ 特殊设计需求

（五）选择施工方

目前市场上存在的施工模式分为三种：全包模式、半包模式、清包模式，每种模式各有优缺点，那么如何选择适合自己的模式呢？总体来说，装修是一件耗费时间和金钱的事情，如果业主时间多，可以投入精力，就会省下很多装修费用，如果业主时间少，那么就需要装修公司来花费更多精力，费用就会更高一些。

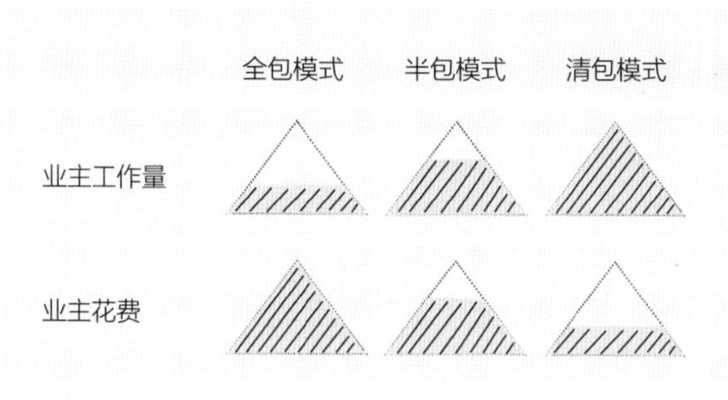

▲ 选择施工方

1. 全包模式

全包模式是施工最为全面的，人工、主材、辅料都包括在内，在和施工方签订合同前，需要选定主材、辅料的品牌、型号，包括水泥砂浆、涂料、地板、橱柜、洁具、门窗等。全包模式中业主比较省心省力，适合没有太多时间跟进装修的人群，缺点是业主参与少，而且可供选择的品牌和型号也比较有限，全包模式在三种模式中价格最高，因为其中包含了选材、配送等比较耗费时间和精力的服务。

2. 半包模式

半包模式又名清工辅料，装修公司负责辅料的采购和施工，主材需要业主自己去采购。半包模式适合有一定时间和精力的人，可以在周末和放假时去采购主材，这种模式的优点是对整个装修流程有一定把控，对主材的挑选范围更广，而辅料价格低、种类杂多，适合装修公司去采购。

3. 清包模式

清包模式指的是主材和辅料都需要业主自行采购，装修公司只负责施工。这种模式业主的掌控力度和自由度最高，但比较费心费力，适合有很多时间、对装修材料比较了解、不怕麻烦的人，所以选择这类装修模式的人比较少。

4. 如有需要，应请监理公司

大部分人并非是精通装修的人，即使自己有时间天天盯着施工方去装修，也不一定能都看明白，那么作为一个外行人如何去监管内行人呢？可以去请监理公司帮忙。

装修监理作为独立公正的第三方存在，专业监理通过政府审核其装饰监理资格，可以提供质量把控、主材验收等服务，这样就不用担心施工方出现纰漏，在装修中给未来的居住留下隐患。

（六）审核装修预算

一般半包模式或全包模式是由装修公司提供预算清单，但是选择清包模式的业主需要自己来做一份预算清单。

1. 自己如何做预算

做预算最好在装修前自己制作一个简单的清单列一下材料和项目，然后去2~3家建材市场进行考察，了解建材的大致价格。

然后按照之前的装修组成将项目进行细分，主项可分为人工、主材、辅材、家具、家电、软装、其他，并分别标注它们的品牌、价格，备注相关信息。

装修预算清单

主项	分项	价格	品牌	备注
人工	铺砖			
	水电改造			
	……			
主材	暖气			
	门窗			
	……			
辅材	水泥			
	……			
	……			
家具	餐桌			
	客厅沙发			
	……			
家电	电视			
	冰箱			
	……			
软装	绿植			
	窗帘			
	……			
其他	垃圾清理			
	设计费			
	……			

▲ 自己做预算

如果怕有遗漏，预算清单也可以按照空间进行分类整理，每个空间再进行细分，比如客厅的硬装材料包含地砖、石膏线、背景墙等。

装修预算清单

空间	主项	分项	价格	品牌	备注
客厅	硬装	地砖			
		背景墙			
		石膏线			
		……			
	软装				
	家具家电				
	……				
玄关					
厨房					
餐厅					
阳台					
卧室					
卫生间					

▲ 自己做预算

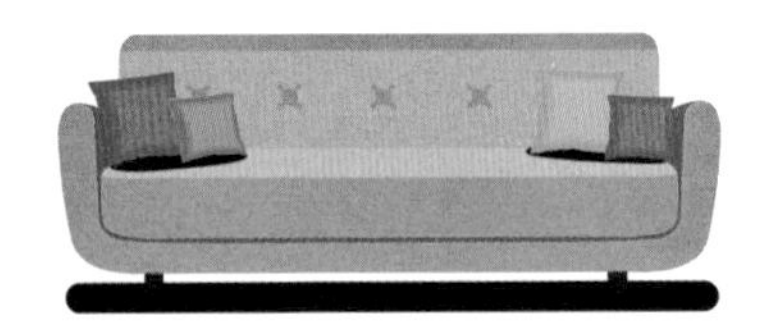

2. 装修合同中的预算清单

预算清单里的报价一般都是按照市场价提供的，一般情况下预算分为中档和高档，高档装修项目多为养老院、幼儿园等大型项目，对环境要求比较高，对材质的运用比较苛刻，所以预算比较高，但是在工艺上区别不大，中档装修用的是同样的工艺，但是预算低，因为材料的费用较低。

审核装修预算的时候，要注意装修公司代为购买的主材是需要进行详细标注的，比如品牌、型号、规格等，辅料方面需要将材料的单价标明。

关于工艺方面，很多装修公司之所以报价高，是把复杂的工艺分为几个小的项目来计算报价的，比如墙面找平刷漆，正常报价是40~50元每平方米，工艺做法注释为刮石膏两遍，打磨找平两遍，刷底漆两遍……非正常的报价方式是刮石膏一遍的价格××，刮腻子一遍的价格××……最后分成七八个项目进行报价，虽然每个项目单价可能看起来只有几元钱，但是整体加起来会远远高于整体报价，这些是在看报价的时候需要注意的地方。

通常预算里面不包含水电改造的费用，但是在装修报价里面必须注明水电改造的具体报价，用到的材料单价都要详细标明，不能模糊。

预算单里面有一些标明“按照实际结算”的项目，一定要给出一定的预算范围，不能超出太多，不然后期出现问题无从核对。

（七）签订装修合同

装修合同一般都是签订制式合同，有标准的范例，但是合同中很多条款都是装修公司根据实际情况进行修改的，所以在签订装修合同的时候，不可避免地会陷入装修合同存在的漏洞中，给后期装修验收留下很多隐患。签订装修合同一定要仔细阅读条款，绝对不能大意。

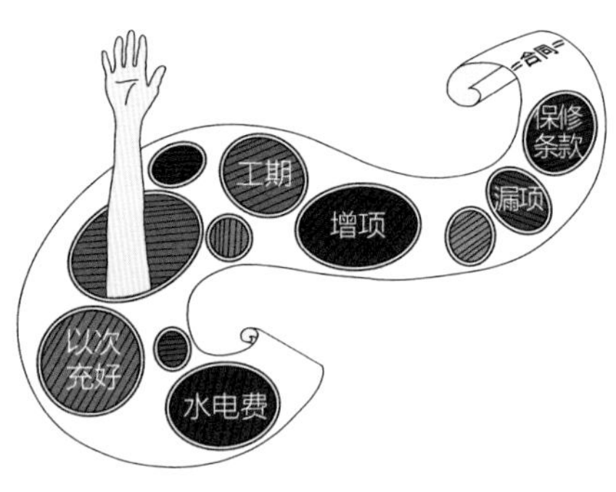

▲ 装修合同漏洞

1. 工期约定

根据装修面积和复杂程度的差别，工期约为2~6个月，装修公司会预留出10~15天的时间，来填补一些材料运输产生的时间误差，这些都是合情合理的。

装修合同中工期约定时间一般以“天”为单位，30天、90天……但是其中的日期单位是日历天，还是工作日，这两种区别比较大。

日历天指的是一周按照7天算，过一天则算一天，不管遇到什么情况，除去不可抗力因素，都算作有效天数，一般装修合同中用的都是日历天，比如工期约定90天，6月份开工，9月份就必须完工，否则就是违约。

工作日指的是一周内除去周末及法定节假日剩余的天数，很多装修公司为了混淆概念，习惯把时间单位写成“工作日”，如果一个月四周时间他们则休息8天，再加上端午节、劳动节、国庆节、中秋节等法定节假日，可能会有7~10天的连续假期，如果约定的工期是90天，业主以为8月份开始施工，11月就会完工，其实他们可能到12月份完工也不算违约，所以一定要注意工期约定的日期单位。

2. 付款方式

付款分为三个阶段：首期款、中期款、尾款。很多合同是标明按照时间付款，如果中期款到约定时间该付款了，但是前期很多项目还没有做完，这会让业主非常被动，所以按照装修流程的阶段来付款是比较合理的，施工的流程大概分为拆除、水电改造、新建墙体、泥瓦工、木工、油工、主材安装7个阶段。

- 首期款在开工前三天支付整体价格的65%，这是比较合理的，因为装修公司需要准备拆除、清理、保护措施的相关材料，还有前期定制主材的费用。拆除、水电改造、新建墙体，每一项做完先进行验收，合格后再开始下一阶段，这样装修质量有保障。

- 中期款一般是在验收完泥瓦工或者木工任意一项后开始付款，付款比例是整体价格的30%。在泥瓦工、木工两个项目的费用相差较大的情况下，可以优先完成造价更高的一项。泥瓦工、木工，这两个项目的顺序可以调整，也可以同时进行，但是装修公司会优先进行造价低的项目。比如除了卫生间和厨房需要贴地砖，客厅等其他区域都要装木地板，这种情况下贴地砖的费用较低，会优先进行。如果所有区域都是贴地砖，吊顶工程量很少，那么木工比泥瓦工的造价要低很多，装修公司就会优先进行木工。为了让装修质量更加有保障，避免被动，业主可以叮嘱装修公司先进行造价高的那一项，因为中期款后整个付款比例会到达整体价格的95%，所以要在合同里详细标明，在泥瓦工或者木工验收合格后，开始支付中期款。

尾款付款比例是整体价格的5%，尾款付清代表所有装修付款流程结束，所以要在所有项目验收合格后再支付，过早支付如果遇到工程延期或者验收不合格的情况，容易交涉不清。

3. 增减项目

增减项目中，减项的情况很少发生，增项的情况出现的比较多，因为某些装修公司希望以此获得更多利益。

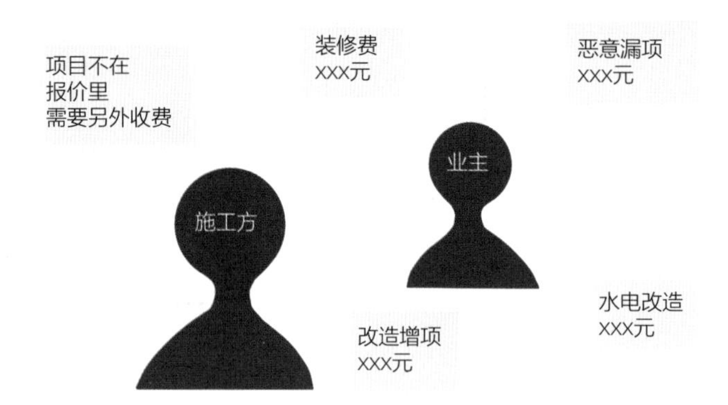

▲ 增减项目

正常增项是业主增项，比如业主在装修中临时想改变一些细节，这就需要增加费用，业主看完增项条款确认完并签字，然后装修公司去准备，这些都是业主提出的要求和想法变更，所以属于正常增项。

一般装修公司说出自己报价的时候，业主都会砍价并要求打折，但是后期增项产生的费用，业主就很难像整体报价一样砍价，如果有折扣，装修公司会留出打折空间，比如25元每平方米的项目报价28元每平方米，打完折后并不损失公司利益。

有很多增减项目是因为装修公司报价有漏项而产生的。没有太多装修经验的人会觉得这个报价单很详细，非常专业，但是这些项目应该出现在最初的工程预算里面，有些项目可能是被故意漏掉，然后后期放到增减项目里，这样最初的整体报价就会很低，某些装修公司会以低价位优势首先获得客户，然后将故意漏掉的项目放到增项里面再次收费，有的增加项目甚至会超过10万元。

比如前期的一项工序为“墙面的石膏找平”，遇到不实诚的装修公司，他们会用各种话术哄骗业主。最初他们会针对这一项说：“你的墙面需要刮腻子，然后刷涂料，这样听起来没有任何问题。但是在实际施工的时候，遇到墙面不平、地面和顶面有斜度等情况，他们会给业主提出以下几个方案来解决。

第一种方案：不进行找平，直接用腻子刮，但是腻子厚度不能超过2毫米，太厚容易开裂，如果墙面凹凸部分超过2毫米，不属于装修公司的责任。

第二种方案：用正常工艺，普通的找平方式，首先用石膏粗略找平，再用腻子找平，石膏厚涂不会开裂，这样墙面会很光滑，不会出现凹凸不平的情况，但是这个时候就会产生石膏费用的增项。如果住宅面积为100平方米，加上顶面和墙面的面积，大概是300平方米，石膏单价为25元每平方米，仅仅一个“石膏找平的增项”就会多出近8000元。但是如果遇到底面与墙面斜度过大的情况，这项工艺并不能保证让每面墙体间的角度变为正常的90°。

第三种方案：运用“找方找平”的工艺，通过红外线仪器测量出各墙面之间的斜度差，然后用材料填充，最后保证各墙面之间是垂直状态，这种方案非常完美，但是这种工艺需要每平方米增加40~50元，300平方米的住宅大概会有15000元左右的增项费用，如果不用这种方案，在后期做齐顶衣柜或者放置内嵌冰箱时，都会受到很大影响。

业主在这时候会很被动，为了追求完美，只能接受第三种方案，这其实属于装修公司恶意漏项，这类陷阱很多，所以签订合同的时候一定要注意。

在做增减项的时候一定要在装修合同里注明：此报价为装修公司最终报价，如有漏项，属于装修公司行为，业主不承担任何责任。

如果遇到报价相差较大的公司，一定要仔细检查每一项的费用划分，报价非常低的装修公司可能存在恶意漏项行为，报价高的公司可能将所有项目标注得十分详细，如果掉进陷阱，可能会错过比较良心的装修公司。

4. 保修条款

保修条款是非常重要的，我国相关装修法律中规定，水电改造项目、防水项目保修5年，其他项目保修2年，家中出现任何因装修产生的问题，都可以给装修公司打电话报修，打完电话后48

小时之内，装修公司必须无条件进行维修，超出这个时间，装修公司就属于违约，需支付给业主违约金。

享有这项保障的前提是，装修工程完结，在三方验收合格后，支付尾款之前，需要签订保修条款。如果不支付最后5%的尾款，也是没有保修服务的。

在住宅没有验收前，一定不要提前更换外门（防盗门）钥匙或者向屋内放置家具，这些举动都会被自动认定为业主认可了此次装修，工程正式结束。这会给后期签订保修条款带来麻烦。装修合同里面会明确写道：如业主没有支付5%的尾款，也没有在验收报告上签字，但是业主更换了外门（防盗门）的钥匙，代表工程验收合格。

因为后期维护的费用可能会超过5%的尾款，所以部分不正规的装修公司会直接舍弃尾款，业主觉得自己占了便宜，其实损失了售后服务。

Ps：每个城市的制式合同里在最后都会有环保检测的验收，如果没有，业主作为客户可以要求加上去，首先要符合我国的环保保护标准，做完物理验收以后，一定要再做一下环保检测验收。住宅完全验收完毕前搬家具进去不仅会影响保修，还会影响环保检测，家具体量较大，散发的甲醛等会影响验收数据。

5. 水电改造费用

水电改造的费用是在支付中期款的时候另外支付的，因为水电改造需要根据实际测量情况确定需求，比如电线的长度。水电改造的利润是最高的，改造地方越多利润越高，所以某些装修公司可能会故意和业主沟通增加改造工程量，而非内行人士会觉得这是比较专业的体现，其实不然。

为了防止被坑骗，可以在最初签订合同的时候，将水电需要用到的材料的品牌、型号都详细地在合同中注明，然后让装修公司作出水电改造图样，等安装完成后及时检查，防止材料被更换。

6. 监理

装修中很多问题是不会立刻显现的，可能住了一段时间后才会发现。但是监理会根据自己的专业知识去观察和判断，装修公司在施工中会不会出现一些后期才会发现的质量问题，然后及时进行纠正。

所以如果经济条件允许，自己又不太懂装修，还是建议请监理帮忙监督装修，这样可以让装修质量更加有保障。

一般在和装修公司签订合同前请监理，然后和装修公司一起签订三方协议，后期监理会为施工出现的问题承担责任、履行义务。

第二章

必做功课——建材选购常识

装修中选择了半包模式的业主，需要自己选购主材，选择了清包模式的业主，主材和辅料都需要自行购买，但是面对五花八门的品牌和型号，到底如何选择才会找到适合自己的呢？各种材料的品质优劣又该如何判断？下面将对主要材料进行详细说明。

（一）木地板

常见的木地板主要有三种：强化地板、实木地板、实木复合地板。每种类型的地板各有优缺点，每个家庭需要根据实际情况和自身需求来选购地板。

1. 强化地板

强化地板一般用四层材料压制而成，价格为70~120元每平方米，厚度为8~12毫米。薄强化地板用胶比较少，比较环保，厚强

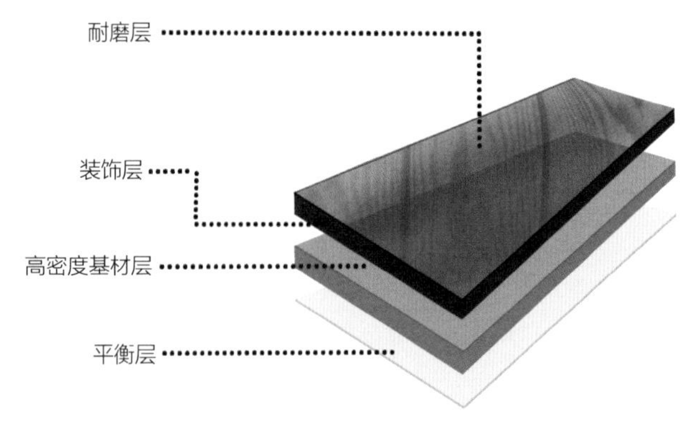

▲ 强化地板

化地板相对薄强化地板密度低，脚感稍好一些。

优点：便宜、防水、不易变形、最上面一层是三氧化二铝形成的耐磨层，耐磨指数高（家庭用强化地板的耐磨指数一般为6000转以上）。

缺点：环保级别不够，因为整体厚度不够，踩上会感觉比较硬，木纹是非天然木纹的装饰纹路。

2. 实木地板

实木地板由天然木材加工而成，上面的纹路都是天然木材的纹理，厚度为18毫米，价格为500~1000元每平方米，根据原材料的不同，费用相差也较大。

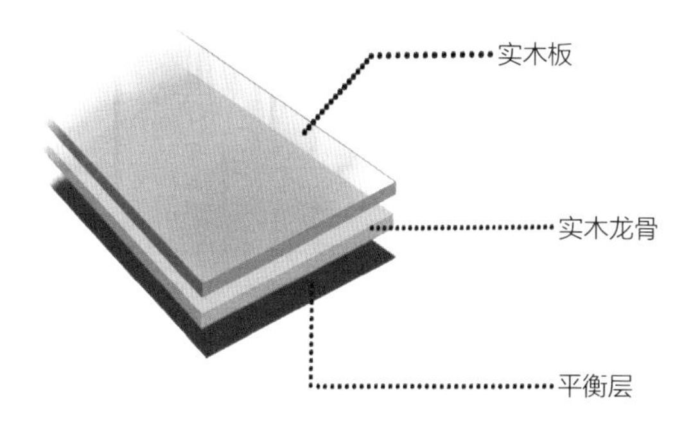

▲ 实木地板

优点：因为材料是百分百天然木材所以比较环保，绿色无公害。木质纤维密度高，隔声隔热效果都比较好。因为弹性较好，所以踩着比较舒服。

缺点：对室内湿度要求较高，非常容易变形，在温差较大的情况下，容易热胀冷缩，冬天会有缝隙。特别容易被刮伤，打理也比较麻烦，后期的保养费用很高。

3. 实木复合地板

实木复合地板由多层不同树种的板材交错叠加而成，表面和底部分别有耐磨层和防潮层，克服了实木地板的一些缺点，厚度一般为12~15毫米，价格一般为200~400元每平方米。

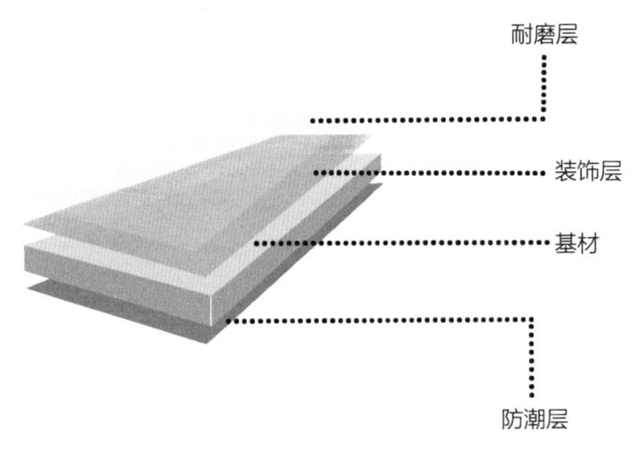

▲ 实木复合地板

优点：性价比较高，稳定性比较好，具有防水耐磨的性能，纹路花样多，集美观和实用于一体，而且安装比较简单。

缺点：安装比较考验技术，市场上实木复合地板质量参差不齐，经过水长时间浸泡损坏后是无法修复的。

木地板面积越大，越容易变形，买木地板的时候可以用尺寸比较小的木地板，变形概率比较小。

购买木地板的时候需要向商家询问是否包安装，踢脚线和扣条需要用到的辅料是否另外收费，扣条建议用质量好的，防止木地板用久了会翘边。

◎ 安装木地板的正常损耗率在5%左右，要提前了解。

◎ 装有地暖的家庭在选购木地板的时候要考虑厚度，一般越厚的木地板导热越慢，厚度为8毫米以下的木地板比较合适。

（二）瓷砖

▲ 瓷砖

◎ 瓷砖的种类繁多，分类方式也有很多种。

按照生产工艺可分为：印花砖、水晶砖、斑点砖等。

按照用途可分为：腰线砖、墙砖、地砖等。

按照吸水率可分为：瓷质砖（吸水率≤0.5%）、陶质砖（吸水率≤0.5%）、炻质砖（吸水率≤3%）等。

按照装饰效果可分为：仿古砖、仿大理石砖、仿木纹砖等。

因为广东 、山东这两个省的陶土质量比较好，所以在烧制瓷砖的原材料方面有天然优势，但是广东的瓷砖比山东的瓷砖更好，所以价格更贵。但是很多商家售卖的山东瓷砖却卖出广东瓷砖的价格，选购的时候一定要仔细鉴别询问。

瓷砖在烧制的过程中，温度越高、时间越长、压力越大，吸水率就越低。

很多家庭装修完入住后，会发现每次拖完地，屋里都会散发腥臭味，这是由于地面用了质量不好的瓷砖，吸水率太高，拖地的时候水分渗透进去，然后通过砖缝蒸发，就会有难闻的气味。

在贴瓷砖的时候，质量好的瓷砖是几乎不吸水的，瓷砖下面的水泥砂浆会自然干透并将瓷砖牢牢吸附住。吸水率高的瓷砖，会首先将水泥砂浆里面的水分吸完，并且干得很快，这样会导致不同地方吸水速度不一样 ，然后瓷砖下面的水泥砂浆会有空鼓现象出现。

买到吸水率特别高的瓷砖，可以用这种方法拯救：作者在十几年前曾经遇到过这种情况，在贴瓷砖之前，将瓷砖泡在水里，让它吸足了水，然后再贴。

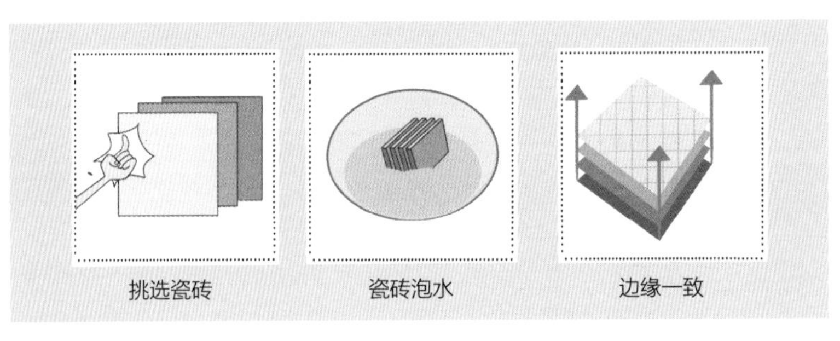

▲ 挑选瓷砖

在建材市场挑选瓷砖的小技巧：

1. 听声音

用手将瓷砖的一角拿起来，另外一只手弹一下瓷砖的中心位置，然后仔细听声音，沉闷的声音代表瓷砖质量很差，声音越清脆代表瓷砖质量越好。

2. 看吸水率

将一杯水倒在瓷砖的反面（需要铺水泥砂浆的那一面），好的瓷砖几乎不吸水，质量不好的瓷砖会快速将水吸进去。

3. 看颜色

看瓷砖的剖面，质量不好的瓷砖颜色很杂乱，这代表瓷砖原材料质量很差。

4. 看质感

亚光瓷砖，表面是磨砂质感的，优点是防滑。抛光瓷砖，表面是光亮的，优点是美观。

5. 测防滑性能

挑选瓷砖的时候，穿着鞋子在上面走几下是无法判断瓷砖的防滑性能的，因为平时在户外穿的鞋子本身就是防滑的。可以拿几种不同的瓷砖斜立起来，角度保持一致，然后找一个盒子放在上面看盒子的下滑速度，显而易见，下滑速度慢的瓷砖防滑性能比较好。

6. 看工艺

拿同一款瓷砖三到五块上下摞到一起，比较一下四个边是不是一致的。很多小作坊用的切瓷砖的工具比较低级，工艺和技术往往不达标，导致瓷砖规格大小会有很大误差。规格不一样会影响施工，大小不一的瓷砖很考验泥瓦工的施工技术，为了让瓷砖横平竖直，地面会留下很明显的缝隙。

7. 选规格

现在规格大的瓷砖非常受欢迎，大家都觉得其装修效果大气漂亮，有很多人甚至会选择1.2米×1.2米的规格，然而选择瓷砖规格并不是越大越好，一定要根据家中每个区域的面积来购买。比如一个3平方米的区域，如果直接贴60厘米×60厘米的瓷砖，8块会不够，9块就需要切割，损耗非常大，如果用50厘米×50厘米的瓷砖，12块瓷砖就刚好贴完。

8. 看价格

瓷砖面积大的比面积小的价格高，如果想节省预算，瓷砖大小的差别对预算影响不是特别大。瓷砖的收费方式有两种，一种是按片收费，一种是按照铺设面积收费，如果不同商家报价差距很大，可能不仅仅是质量的差距，而是收费模式不同。

（三）涂料

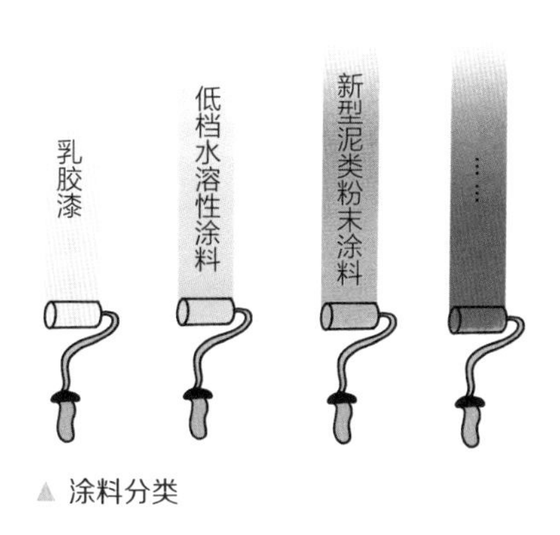

▲ 涂料分类

涂料一般用来装饰和保护墙面，分类方式繁多，一般家用内墙涂料分为：

1. 乳胶漆

乳胶漆以合成树脂为基料，加入颜料调配而成。

优点：性价比高、耐擦洗、环保、干燥速度非常快，可迅速成膜，间接缩短工期。

缺点：价格高、颜色种类较少。

2. 低档水溶性涂料

低档水溶性涂料由聚乙烯醇溶解在水中，加入颜料等其他助剂而成。主要产品型号有106、107、803等内墙涂料，属于低档涂料。

优点：价格便宜、施工方便、无毒无臭。

缺点：不防水，墙皮受潮后容易剥落，时间久了易泛黄。

3. 新型泥类粉末涂料

新型泥类粉末涂料包含了常见的硅藻泥和海藻泥。海藻泥由深海沉积的海藻等矿物质提炼，硅藻泥的主要成分是硅藻土，由硅藻遗骸组成，硅藻泥干燥后容易出现掉粉掉色的情况，海藻泥则没有这一缺点。两者都具有净化甲醛、运输储存方便、环保系数高、吸声降噪、防火、自动调节空气湿度、不易落灰等优点。

墙面漆的环保标准：

挥发性有机化合物VOC≤120克/升

甲醛含量 ≤100毫克/千克

耐擦洗次数≥5000次

国外进口的涂料一般都很贵，但是不能盲目选择。

进口涂料分为整批进口和整桶进口两种。整批进口是把涂料的原浆进口后由国内经销商稀释并装入进口的涂料桶中出售，品质会有差别。整桶进口的涂料是没有稀释的原装进口涂料，这种才是符合进口涂料价格和质量的，选购的时候一定要注意。

当选择好涂料品牌，会发现它的型号颜色和性能差距很大，这个时候就需要根据自己住宅的特性来选择适合自己的涂料。一般住在一层会感觉比较潮湿，可以选择防霉涂料。顶层夏热冬冷，需要保温，最好选择防裂涂料。

▲ 涂料的功能

涂料是化学颜料，如果遇到有香味的涂料，很可能是商家想用香精的味道遮盖涂料的味道，这说明这款产品安全系数非常低、不环保、对身体有伤害。

涂料的颜色是用白色的漆料为底色加入金属络合染料调制出来的，颜色越深的涂料用到的金属络合染料会越多，所以深色涂料会比浅色涂料贵。

（四）定制家具

家中的衣柜、玄关柜、储藏柜、橱柜等都可以进行个性化定制，它的优点是可以根据住宅尺寸进行定制，保证家具可以严丝合缝地放置到位，充分利用住宅空间面积。

▲ 家具（一）

▲ 家具（二）

定制家具的收费方式有两种：

按照投影面积计算：一件家具最终占据的垂直墙面面积，就是柜体的宽度 × 高度。

按照板材展开面积计算：一件家具里外所有用到的板材的累计面积。

这样的计算方法会让投影面积听起来单位面积价格更高，所以买建材的时候一定要仔细询问。

定制家具中会涉及很多板

材、五金的质量问题。抽屉、推拉门等都是日常生活中高频使用的东西，所以安装所用的合页一定要用品质好的品牌。板材首先看它的环保级别，E0级别是最高级别，味道小、比较环保，正规厂家都会提供盖章的环保检测报告，要仔细检查。

（五）新风系统

新风系统是送风系统和排风系统组成的独立空气处理系统，是目前比较流行的一种对于空气污染的解决方法。

按照安装方式分类，新风系统可分为以下两类：

管道新风系统：在室外装有新风机，在室内厨房、卫生间装有排风系统，排风系统起动时会将室内空气排放出去，室外空气经过进气口进入室内每个空间。安装管道新风系统时需要做吊顶，将新风系统管道遮盖起来，所以安装前需要考虑室内高度是否达标。

单体新风系统：分为落地式和壁挂式两种，需要在室内墙上打孔。优点是安装方便，不需要复杂的管道，后期保养维护都比较方便，缺点是不太美观。

购买新风系统时需要反复确认机器型号和材质，避免安装的时候发现型号不一，还要费时间和精力退换。

新风系统的优点是无须开窗也能呼吸新鲜空气，降低室内二氧化碳浓度，有效防止室内衣物发霉。

很多新风系统安装时与中央空调使用同一个管道，这样新风系统管道就会变脏，安装新风系统就会失去其原本的意义。

（六）中央空调

中央空调不同于传统空调，它由多个冷热源系统和多个空气调节系统集中对空气进行处理，让居住环境达到最舒适的状态。中央空调具有制冷均匀、外形美观、故障率低、使用寿命长等优点。

室内所需制冷量大小，和空调匹数有很大关系，一般匹数越大，制冷量越高，1匹制冷量为2200~2600瓦，家用制冷量通常为100~150瓦每平方米。

购买常规分体挂机的时候是按照室内面积计算的，其实两种空调总造价相差并不是很多。

中央空调一拖多的模式减少了空调外机的数量，一个大的外机能带动5个房间。

中央空调吹风面积比传统空调大，一般可以根据吊顶位置做人性化的调整。但是分体机只能挂在离墙外比较近的地方，方便打孔，所以经常会出现空调对着床吹的尴尬状况。

中央空调的缺点就是需要吊顶，会降低室内高度。

（七）地暖、暖气

地暖和暖气是冬季常用的两种取暖方式，选择哪种需要根据住宅的具体情况选择，很多人为了美观贸然选择地暖，其实如今市面上的很多暖气也非常有装饰性。暖气和地暖各有优缺点，它们的区别如下。

1. 取暖方式

暖气：区域取暖。冬季时间漫长，取暖时间长达好几个月，暖气虽然是局部散热，但是它通过对流换热加热室内空气。

地暖：整体取暖。地暖以辐射散热为主，散热比较均匀，短期内有优势。

2. 各自优势

地暖：升温快、使用寿命长（能达到50年）、有调温功能、散热均匀。

暖气：安装方便、性能稳定、性价比高。

3. 各自劣势

地暖

- 地暖需要在地面铺设管道，然后在其上面贴砖，这会让地面高度增加大概10厘米，如果管道比较细，那高度也在7厘米左右，这会影响整个室内的高度。

◎ 细管道对水的质量要求比较高，如果水里面杂质多，时间久了管道容易堵塞，很难清理，如果保证不了水的质量，那地暖如果出现质量问题，维修会非常麻烦。

◎ 无论是暖气还是地暖，在热量向上升的时候都会有热辐射，热辐射对灰尘影响很大，在静止状态下，地暖热辐射距离保持在70~80厘米，这会形成灰尘漂浮层，如果家中有刚学会走路的幼儿，鼻子距离地面的高度正好是80厘米，处于灰尘漂浮层，对其身体健康会产生影响。暖气散热的时候的热辐射是区域性的，灰尘漂浮层也比较高。

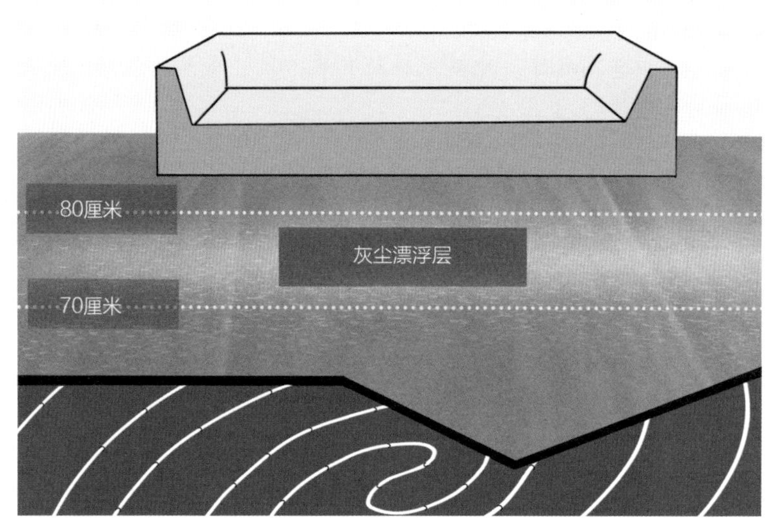

▲ 地暖热辐射

暖气

暖气集中向上散热会熏到屋顶，容易将墙面弄脏，呈黄黑色，可以在暖气上面5厘米位置做搁板，这样就可以避免这种情况。

暖气需要挂置在室内，多少会占用空间，影响美观，现在市面上出现了很多外观美观的暖气可以选择。

4. 水暖布局

暖气散热集中，低矮处没有灰尘漂浮层，但是暖气热量上升中会将墙面熏黑，所以选择安装暖气的家庭可以在其上方安装暖气装饰遮挡板，既美观又能避免墙面受损。

地暖散热均匀，它的热辐射区域也很稳定，高度为70~80厘米，所以家中灰尘一直会漂浮在这个高度，家中有幼儿的家庭在日常生活中需要注意。地暖铺设阶段的布管方式也比较重要，主要分为三种方式。

螺旋型布管

螺旋型布管的形状类似于“回”字，一圈一圈外延，管路弯曲度为90°，所以管道弯曲压力小，受损害也比较小，这是最常见的布管方式。其散热均匀，不易造成地暖管道的堵塞，使用寿命比较长。螺旋型布管比较灵活，可以通过调整管间距满足局部区域的特殊需求。

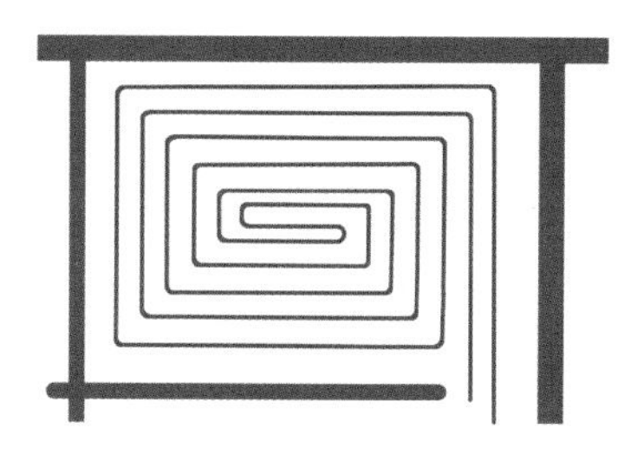

▲ 螺旋型布管

迂回型布管

迂回型布管的管道需要弯曲180°，管道受到的弯曲压力比较大，管道容易损坏，而且散热不均匀，容易产生一端热一端冷的现象，一般只会将其应用到较狭小的空间。

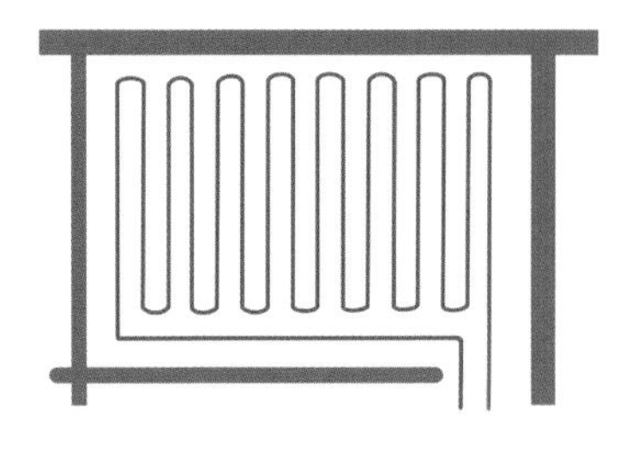

▲ 迂回型布管

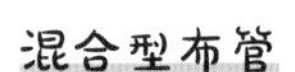

混合型布管

由于每套住宅里面每个房间和功能区的面积和功能都不太一样，所以面积较大的空间，一般采用螺旋型布管；像卫生间、厨房这种面积较小的功能区，一般采用迂回型布管；混合型布管灵活，是地暖布管里用得最多的一种布管方式，一般会根据具体情况进行选择。

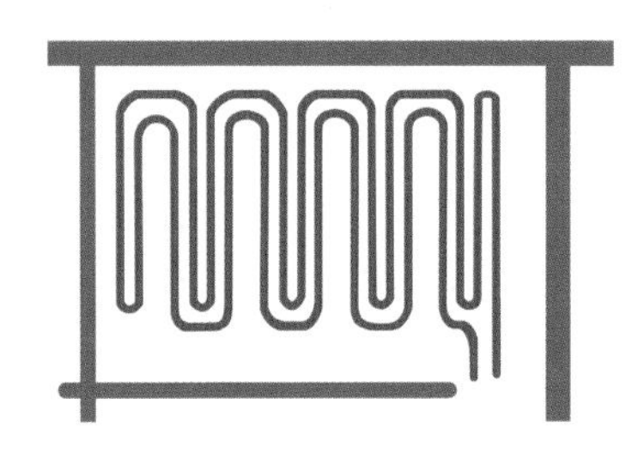

▲ 混合型布管

在选择地暖管道的时候需要注意它的规格，一般住宅高度超过1.7米以上的适合做地暖，正常地暖工程铺设完成，房间地面高度大概会增加10厘米，有些进口的管道比较细，铺完水泥砂浆后，房间地面高度增加仅7厘米，但是它的管径非常薄，水质中含有非常多杂质，时间久了容易堵塞，有些国家会专门做一套软水系统，将水过滤后再进入家庭的地暖管道，所以不能盲目选择进口材料。每个国家的生活习惯都不一样，比如中国做饭多爆炒，而有些国家则是冷餐少油烟，所以通常国内的抽油烟机品牌会更加适合我们，它会根据我们的生活习惯进行设计。

（八）窗户

质量好的窗户密封性比较好，具有保温、隔声的作用。现在比较主流的窗户是断桥铝材质的窗户，相比之前的铝合金窗户、塑钢窗户，断桥铝窗户的密封性要好很多。

选择断桥铝窗户时需要注意它的整体厚度，也就是剖面，一般厚度是6.5厘米，还有7厘米、8厘米的规格，越厚的窗户密封条层数越多，保温效果越好。

判断窗户密封性好坏有一个小技巧，拿一张A4纸夹在窗户中间，看看能不能抽出来，质量差的窗户稍微用力就能抽出来，质量好的窗户如何用力也不会抽出来。

很多断桥铝窗户都是中空结构的，里面有空气层。比如60毫米和70毫米规格的窗户两层玻璃都是5毫米，60毫米中间的空气层为12毫米，70毫米中间的空气层为22毫米，空气层越厚，其隔声、隔冷、隔热功能就越好。

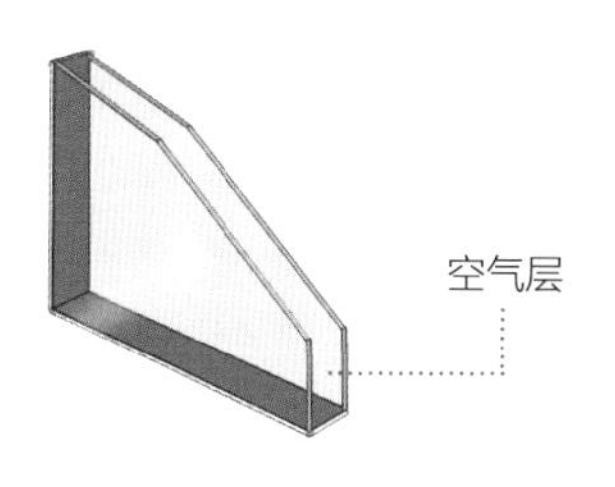

▲ 断桥铝窗户

遇到单个窗户面积不足1平方米的情况，很多厂家是按照1平方米来计算的，一定要提前问好不足1平方米的窗户如何计费。

（九）门

一般采用的室内木门有模压门、实木复合门、实木门等。

▲门

模压门又称空心夹板门，面层是人造板或PVC板，这种门价格最低，但是质量较差，适合用于出租房或者临时用房。

实木复合门面层为木质单板贴面，门芯多为重量轻、密度小的木材黏合而成，具有不易变形、美观、隔声、保暖等特点。实木复合门一般采用的不是整块实木，所以门芯不会热胀冷缩，对五金质量的要求也比较低。

实木门的环保级别最高，但是非常重，对于合页的要求极高，时间长了门会因为太重而慢慢下坠，螺钉容易变形。

门上的合页建议在门的上、中、下分别安装1个，这样将来门的变形概率比较小。

选门小技巧：

敲门听声音

如果声音比较沉闷说明门芯的材料密度高、质量好，如果声音比较清脆，说明门是空心的，里面可能为蜂窝状，为质量较差的空心门，但是很多商家会将其当作实木复合门来售卖。

触摸“隐藏”区域

用手摸一下门的最上面和最下面，感受一下有没有涂漆，在视觉上这两个地方不太容易受到关注，如果是比较刺手的糙面，可以要求商家涂漆。因为如果这两个地方没有涂漆，那水分很容易进入门里面，被木头吸进去，时间长了门容易变形，尤其是在卫生间这种水汽比较重的地方。

防盗门分A、B、C、D四个等级，A级价格最贵，质量最好。有些厂家会将门、门锁、合页单独收费，有些则是有配套的免费门锁。

（十）吊顶

在客厅、玄关等区域吊顶是为了做造型或者遮盖中央空调等设备，一般用到的是石膏吊顶，它的优势是重量轻、隔声、隔热，施工方便。

在卫生间和厨房用到的吊顶一般是铝扣板吊顶，它质地轻便、安装方便，购买的时候需要注意铝扣板的厚度，建议购买1毫米以上的，因为在吊顶上需要打孔安装灯具、浴霸等，薄的铝扣板时间久了容易下坠变形。

铝扣板并不是越厚越好，在看它厚度的同时还要检验它的硬度，再厚的板材如果硬度不够，长期使用也会变形。

铝扣板的价格不能单纯看每平方米的单价，不同厚度和硬度的铝扣板价格不一样，多家对比的时候需要将这些因素考虑到，然后再做选择。

边龙骨用于吊顶四周的固定和水平定位，它的作用非常重要，如果购买的边龙骨质量不好，那装修的时候用再好的吊顶材料也容易掉下来，购买这些材料的时候可以先确定铝扣板的厚度和价格，再选择边龙骨。

（十一）橱柜

橱柜是由柜体、门板、五金件、台面、电器五部分组成的厨房操作平台。因为厨房水汽多、有油烟和易燃物品，所以橱柜材质的选择非常重要。

在10年前大家选用的都是人造石材台面，它受热容易开裂，易吸色，比如酱油、醋等没有及时清理干净就会被吸进去染色，弊端非常多。如今一般选用的是石英石的台面，它具有不怕烫、不会染色、结实等特点，它的收费模式有很多种，比如按照颜色收费的话有双色模式、单色模式，双色模式是需要另外收费的，装修的时候需要注意确认。

▲ 橱柜

◎ 很多人喜欢天然大理石，它的缺点非常明显，就是材料特别脆，切菜用力比较大的时候容易出现裂缝，选购的时候需谨慎。

◎ 门板的基本材料和工艺都非常重要，它是每天都会使用的东西，视觉上要美观，质量也非常重要，质量不好的门板容易受潮。橱柜门板一般可分为烤漆、实木、吸塑、双饰面、古典亚光漆、亚克力等几种材质。

烤漆板的优点是表面光亮、颜色多样，外观也比较高级、时尚，而缺点是硬度不够，被划后容易留下痕迹。

吸塑板优点是比较结实、色彩丰富、耐划、耐热、耐污、不易变形、维护简单，缺点是由于很多PVC吸塑门板质量不过关，外层的贴边用久了容易翘起来。

实木板不建议使用，因为厨房比较潮湿，水汽多的地方对木材要求高，维护也比较麻烦。

◎橱柜里面的横板和立板的质量要看板材的检测报告，比较厚的板材质量较好。

◎橱柜抽屉的五金件质量非常重要，尤其是抽屉的滑轨，它是影响橱柜质量的重要部件。橱柜抽屉，放置的都是比较重的锅碗瓢盆，所以其承重很重要，有些3毫米厚的滑轨，抽屉承重可以达到40~50公斤。选购的时候可拉一拉抽屉看看是否顺畅，有无松动情况。

◎橱柜整体的设计尺寸也很重要。

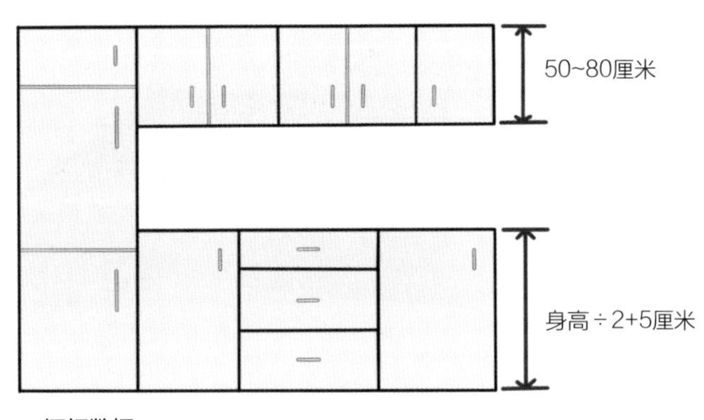

▲ 橱柜数据

通常橱柜中底柜的高度为85厘米，吊柜的高度为50~80厘米，吊柜如果高于底柜会有头重脚轻之感。

柜体的尺寸最好根据业主自身情况进行定制。购买既定模式制作的同等高度的橱柜，虽然比较省心，但未来的使用过程会发现与自身的使用习惯并不那么契合。

比如夫妻两人平时谁做饭比较多，就按照谁的身高来定制橱柜的高度，身高180厘米和150厘米的人对于橱柜需要的高度是完

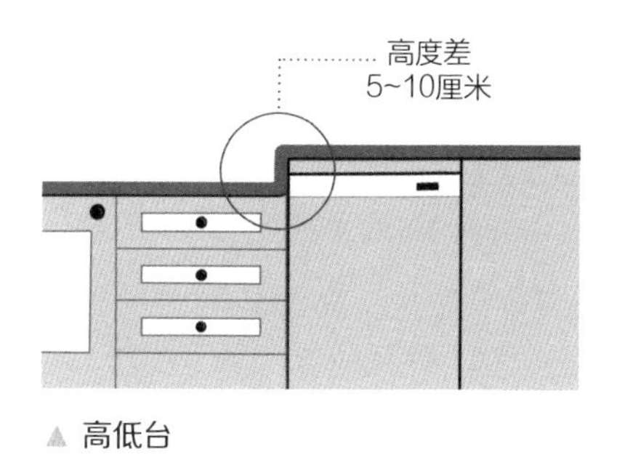

▲ 高低台

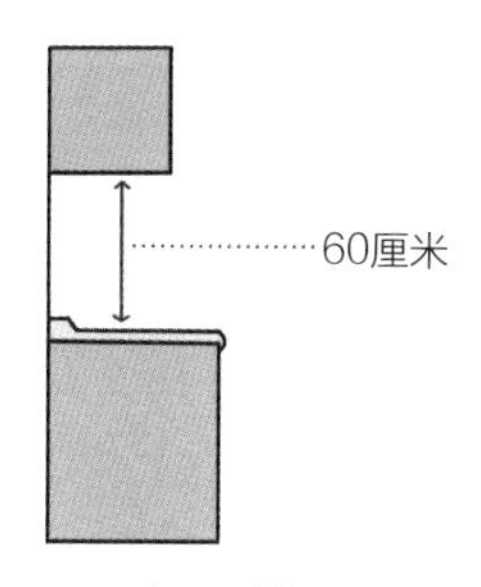

▲ 吊柜、底柜

全不同的，橱柜的最佳高度一般可以按照“身高÷2+5厘米”来计算，那么身高180厘米的人需要的最佳操作高度为95厘米，身高150厘米的人需要的最佳操作高度为80厘米。

炒菜的时候，台面低一点会比较舒服，洗菜的时候需要台面高一点，所以高低台的设计就非常人性化。一般水槽的高度比灶台的高度高5~10厘米比较合理。

吊柜和底柜间设置60厘米的高度是比较合适的，可以充分利用空间，但是很多装修公司觉得高度降到60厘米会增加材料成本，通常不太愿意改，所以这些尺寸一定要同装修公司提前讲好。

厨房水池有两种安装方式：台上盆和台下盆。台上盆四周打胶，安装非常方便，还有结实、承重好等优点，但是台上盆四周的胶容易发霉变色。台下盆安装比较复杂，易清理，比较干净，但是承重能力不如台上盆，台下盆下面支撑不好的情况下如果放沉重的东西容易破损，而且无法修复。

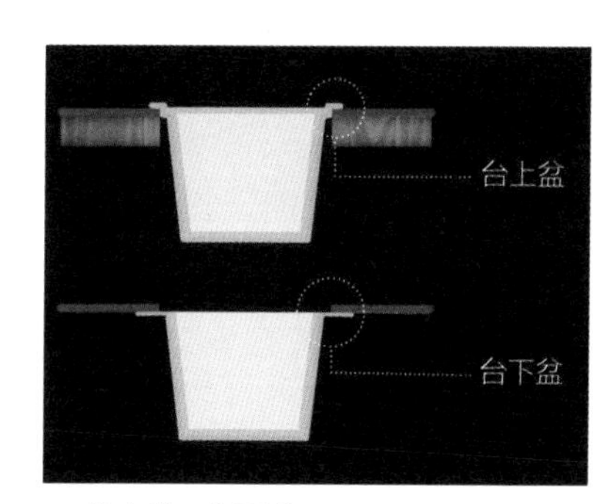

▲ 台上盆、台下盆

（十二）洁具

1. 坐便器

坐便器的坑距指的是坐便器下水口中心到墙壁的距离，在购买坐便器的时候一定要测量好坑距，不同的坐便器需要的坑距不同，最常见的坑距是30厘米、40厘米，其中还要考虑墙砖和水泥的厚度。

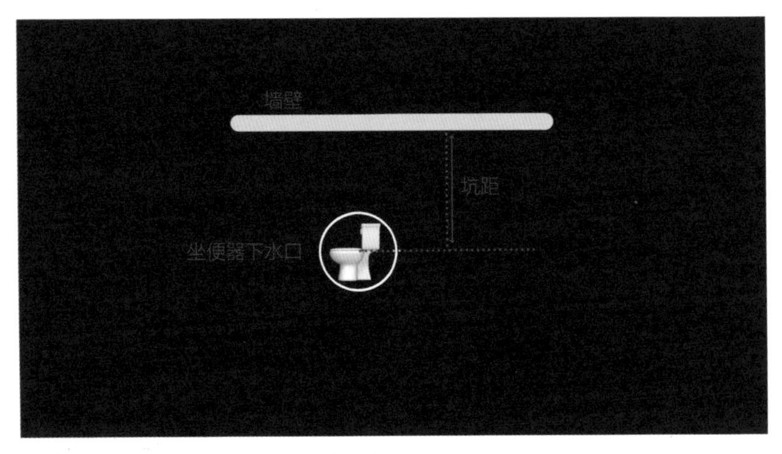

▲ 坐便器坑距

购买坐便器的时候还要观察坐便器的釉面是否光滑，而且还要用手伸进坐便器里检查里面有没有釉面，这属于视觉盲区，很多商家会在里面用不好的材料，时间久了容易积攒脏东西，不好清理。

▲ 坐便器

坐便器的冲水方式分为以下几种，购买的时候要多按几下感受它的灵活性。

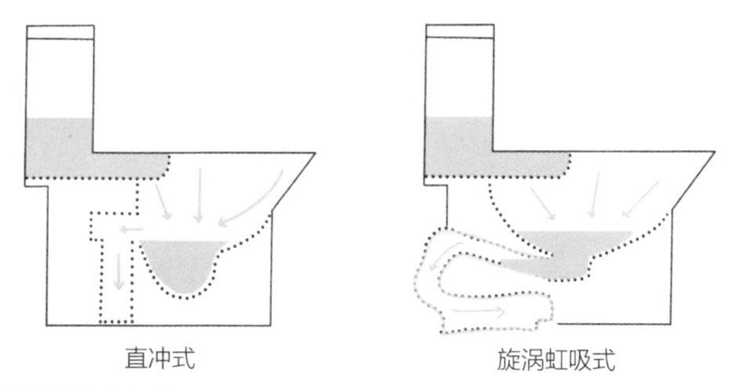

▲ 坐便器冲水方式

直冲式坐便器的优点是冲水特别顺畅干净，比较节省水，缺点是噪声大、容易溅起水花，不防臭。

旋涡虹吸式坐便器喷水点会往四周喷，优点是噪声小、美观，缺点是如果遇到质地黏稠的物质，冲得不是很干净。

喷射虹吸式坐便器在坐便器座的外圈有通水点，大概每5厘米设置一个，水冲下来后，会360°旋转，所以冲得比较干净，而且比直冲式坐便器噪声小。

智能坐便器现在已经非常流行，除了清洗等功能外，整体智能坐便器还具有自动开合坐便器盖的功能，人来了会自动开盖，人走了自动关闭，这种感应装置比较适合公共卫生间，可以让公共坐便器保持干净卫生。日常家用智能坐便器可以选择购买智能坐便器盖，它成本比较低、方便清理，如果出现问题，比较方便修理。

2. 洗手盆

卫生间洗手盆的安装方式分为两种：台上盆和台下盆。台上盆又称作碗盆，安装在洗手台上面，装饰性很强，安装也比较方便，但是它的缺点也很多，洗脸时水容易滴到台面上，时间久了易滋生细菌，台上盆适合用在洗漱频率较低的卫生间，有客人来了看到也会觉得非常美观。台下盆嵌入台面和台面齐平，虽然造型非常受限制，但是方便清理，实用性更强。

▲ 洗手盆

3. 花洒

▲ 花洒

挑选花洒的时候要注意它的出水是否均匀，拿起喷头让它倾斜出水，然后看最外面一圈出水口是否出水，如果出水量小或者没有出水代表这个花洒内部设计不太好。

很多人喜欢主喷头比较大的花洒，因为经常在广告中看到它出水时特别顺畅，而且美观漂亮，但要根据家中水压等实际情况来慎重购买，在水压不足的情况下是无法出现广告中那种出水非常顺畅的情况的，因为喷头面积大，水压如果严重不足会导致花洒的水流呈现很慢的滴水状态。

（十三）五金

五金包含的种类繁多，虽然每一样都是看起来不起眼的小件，却关乎整个装修的质量，关乎未来的居住体验，所以购买五金一定要重投资，尽量选择质量最好的，比如卫生间的毛巾挂架、门把手等都属于高频使用的五金，一定要选择质感较好的金属的。

（十四）过门石

过门石可以运用在两个房间衔接的地方，从而起到过渡作用，比如地板与地砖的过渡，或者不同样式的瓷砖或木地板之间的过渡。要选择和房间整体风格和色调较为协调的过门石，一般黑色、白色或者咖啡色用得比较多。因为过门石踩踏频率比较高，所以一定要注重它的实用性，选择的重点不是它的纹理多好看，因为有些过门石纹理很多，恰恰说明石材裂开的概率比较大。

（十五）楼梯

LOFT住宅、复式住宅、别墅都需要安装楼梯，在装修前需要了解购买楼梯材料应当注意的问题。

- 楼梯是危险系数比较高的区域，踏步的地方一般可以选用木材，比较防滑，而石材的表面是比较滑的，如果使用的话一定要做一些凹凸纹理增加其摩擦力。

- 选择楼梯栏杆要看它的结实程度、栏杆和栏杆之间距离是多少，一般栏杆间距为15~18厘米比较合理，但是如果家中有孩子，这个宽度则很容易造成孩子从栏杆缝隙中漏下去。作者做过很多幼儿园的设计，栏杆间距要低于11厘米，高度不能低于110厘米，这种尺寸符合人体工程学，有孩子的家庭可以按照这种尺寸制作楼梯。

▲ 楼梯

从材质方面来说，楼梯的扶手一定要舒适，过宽、过窄都不太好，宽度控制在8厘米是比较舒适的状态，扶手用木质的比较防滑。

玻璃栏杆很时尚，但是最好在玻璃面最上端用圆形扶手做一个槽，确保其坚固性。

楼梯台阶最舒适的尺寸是每个阶梯的高度不要超过15厘米，每个踏步的宽度要超过脚宽。

楼梯的费用计算方式是拆开计算的，比如栏杆、扶手、踏步的费用分别是多少。

定制整体楼梯需要注意支撑结构，支撑结构不同价格也会差距很大。钢结构的踏步会有不同的支撑点，比如有的楼梯有主梁在中心，楼梯围绕它攀上去，这种结构就是单点支撑，可以节省钢材，但稳定性也较差，所以价格比较便宜。双边支撑的结构中间是空的，两边用钢结构做支撑，稳定性好，但是价格高。

第三章

施工流程——装修的详细步骤

（一）办理开工手续

当合同签订完毕，报价确认完毕，图样准备就绪，就可以开始硬装阶段的施工。但是在开工前必须要去住宅区物业办理开工手续，需带上自己和施工负责人以及工人的身份证和一英寸免冠照片两张，这主要是为装修人员开办证明，以免不法分子进入住宅区。另外业主还需要向物业提供施工图，确认非承重墙和水电改造等项目。最后将办理好的“出入证”给装修人员，方便他们进出住宅区，办理好的“开工证”则贴在外门，方便物业检查。每个住宅区的规定要求可能有所不同，可根据具体要求办理开工手续。

（二）向物业要原结构图

向物业要原结构图的目的是为了看一下住宅管道、地暖铺设的位置，如果遇到物业不让带走图样的情况，可以用手机拍下照片保存。

（三）了解物业装修规定

接下来要向物业了解一下装修规定，比如垃圾如何处理，可以堆放的地点在哪里，哪个时间段可以堆放，施工的具体时间，工人能不能在住宅里居住、吸烟等。

这些细节最后需要物业、装修公司、业主三方签订协议，规范合同，然后业主要支付物业押金、保证金、物业管理费、垃圾清理费。

关于装修时物业收取押金的行为我国并没有明确规定，但是物业收取押金的主要目的是为了约束施工方不会破坏住宅区电管、水管总管、燃气管、承重墙等，这是物业对施工方的一种监督方式。这些押金从物业角度来说是由施工方支付，等到物业审核结束再退款，但是很多装修公司不愿意支付这笔费用或者将这笔费用加在了装修费用里，相当于最后还是由业主支付，因为很多物业返还这笔押金的时间可能会拖到1年后，这就会给装修公司造成一些损失，所以业主要和物业沟通好，通过签订合同来约束对方。如果业主需要自己支付押金，可以另外和装修公司签订合同，条款写清楚：如果设施遭到破坏，罚款由装修公司支付。

关于施工时间的问题，如果是新建的住宅区，几乎没有业主入住，物业对施工时间可能没有太多规定，如果是二手房或者进行旧房翻新改造，这时候住宅区里已经入住很多人了，物业对于施工时间就会规定得比较严格，比如周末、节假日不能施工，平时早上8点以前、中午12点、晚上6点以后都不能施工。

（四）开工交底

开工之前业主需要将设计师、工长、监理几方聚到一起查看住宅状况，这个时候很多装修公司会有一些开工仪式，业主的作用就是进行现场汇总，说一下大概的装修需求。但是第一次不用说太多需求，主要把拆除墙体及水路、电路的位置等在墙上做一下标注。

（五）拆除

施工的第一步就是进行拆除。根据设计，很多非承重墙墙体是需要进行拆除的，一些开发商的腻子可能做得不太好，可以铲除墙皮重新做，可能还会有一些如暖气换地暖、更换窗户之类的需求，都要在这一步进行拆除作业。

在拆除时需要注意，如果墙体比较厚，施工做法是不一样的，直接砸墙这种非常危险的暴力拆除方式不建议使用，正确的拆除方式是同设计师沟通好，先用切割机对墙体进行切割，再用小锤砸，这样落下的墙体碎块比较小，对地面伤害也比较轻。为了防止地面被破坏，可以提前购买一些比较便宜的板材垫在地面上，这样可以起到保护地面的作用。

▲ 拆除墙体

拆除以后需要验收施工环境，在处理垃圾的环节，分袋处理垃圾的方式在搬运时比较安全，因为装修中的很多东西比较尖锐，容易伤人。如果施工出现安全问题则非常麻烦，在签订合同的时候可以加一条：在整个施工期间如果出现安全问题由装修公司全权负责。

垃圾清理完毕，监理、工程负责人、设计师进行验收，主要查看拆除得是否干净，接下来的施工环境是否符合条件。

（六）室内结构改造

根据设计如果有新建墙体的需求，要慎重选择材料。卫生间、厨房的墙体一般用轻体砖，它防火、防潮、自身比较轻薄，只起到隔断作用，没有承重作用，室内的隔墙如果有条件也可以使用轻体砖，它具有保温隔热的作用。室内的新建墙体种类还有骨架隔墙和石膏砌块隔墙，以龙骨作为骨架的隔墙稳定性较好，外面钉上石膏板，墙面缝隙少，但是没有太强的承重力，挂不了电视机等重物。石膏砌块隔墙是用天然石膏添加功能性材料加水搅拌浇筑而成的，会比石膏板开裂的概率大。

（七）水电交底

业主、设计师、监理等来现场把热水、冷水、排水 、电路等位置再次确定好，然后在图样上签字确认，以免施工后出现误差，双方扯皮。

水电交底的环节，橱柜厂家最好也来测量、确认位置，因为橱柜的设计图由他们来绘制，热水、冷水、电源、暖水宝、电器嵌入、集成灶等位置一定要精确，5厘米之差都会导致后期橱柜无法安装，橱柜厂家可以确认一下尺寸，和电工、水暖工沟通确认一下电器位置，后期在安装橱柜时就会省很多事。橱柜设计师一般来两次，水电交底来一次，贴完墙砖、地砖来一次，这样可以绘制比较精确的设计图。

（八）水电改造

1. 根据生活习惯进行合理水电改造

水电一定要根据自己的生活习惯改造，不用盲目觉得插座越多越好，因为预埋线管如果开槽过多对会对墙体产生破坏，费用还会增加。做设计的时候放电视机的位置有很多电路，如果都改成插座可能10个都不太够，因为电视机的位置使用插座比较集中，可以只留两个插座，然后用插线板去解决插口过少的问题，同样的使用效果，不但降低了风险，费用也会减少很多。

2. 水路改造注意事项

水路改造建议走房间顶面，虽然水管长度会增加，但是安全性较高，卫生间和厨房都会吊顶，水路走顶面的话顶棚会直接遮挡水管，以后漏水可以发现得比较及时，拆下顶棚就可以及时找出问题所在。如果水路走地面就需要开槽，水管在地面，用水泥砂浆埋着，后期维修就非常不方便，也会增加安全隐患。

水管走顶面的话需要一些将其与顶面墙体固定的挂钩，将水管进行固定，有些公司施工人员会出现操作不规范的情况，比如一根2米长的水管用一个挂钩固定，虽然空水管用一个挂钩足够承重，但是后期水管中有水压之后，会发生水锤效应，水龙头打开冲劲很大，水管会晃动，所以正确操作是需要每60厘米放一个挂钩，这样可以保持水管稳定，操作前可以要求每一个参与改造的施工人员都提供水电改造资质证明。

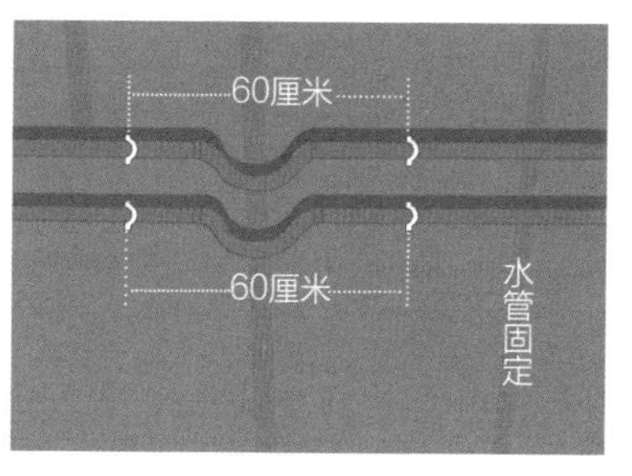

▲ 水管固定

3. 电路改造注意事项

电路一般走地面，电路插座一般距离地面30~50厘米，离地面近，比较节省材料。很多装修公司为了让效果看起来很美观，电管排布得很规整，横平竖直，虽然很好看但非常不实用，这样不但会增加电管长度，而且还会导致电线排布成直角时被卡住，发生拽不动的情况，如果以后需要维修都抽不出来。可以将电管做一些斜线、弧线，这样可以节省用料，后期抽线和换线都方便。

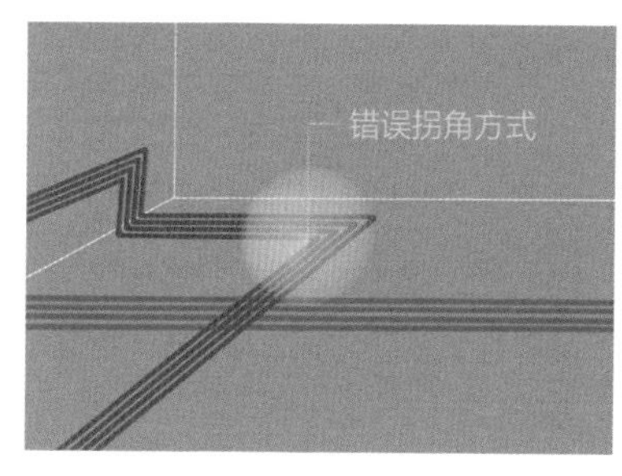

▲ 错误拐角方式

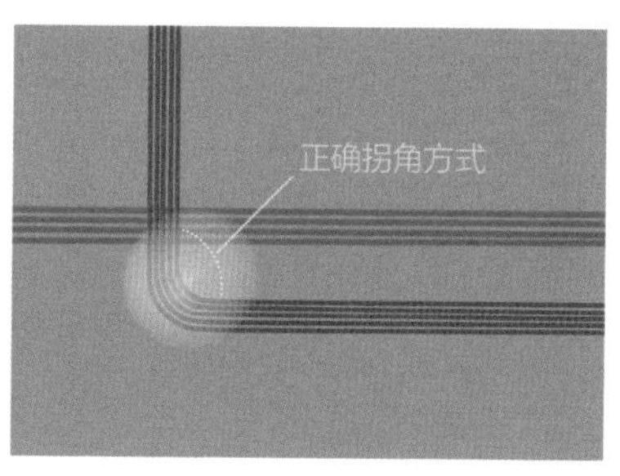

▲ 正确拐角方式

改造电路开槽的时候，要提前规定好1根电管穿几根电线，长度要精确测量，因为这些都属于增项费用，有些1根电管穿1根电线，这样费用就会比较高。一般1根电管内电线不要超过6根，由于电管型号尺寸有所不同，按照电线截面面积低于整个电管截面面积的40%计算就可以。

4. 中央空调需要提前进场

在水电改造前，中央空调厂家也要进场，厂家只负责安装空调和接电路、管道，具体空调用电和控制面板厂家是不负责的，点位同水电施工人员一起确定。暖气管、燃气表改造阶段也需要暖气公司、燃气公司的人到场，一起沟通具体安装位置，施工中厂家也会根据节点进行装置。

5. 装修前后期应用同一位水电施工人员

在签订合同的时候，可以和装修公司约定好，前期的水电施工人员和后期安装面板插座的施工人员应为同一个人，因为后面墙砖、地砖都铺设好后，只能看到露出来的一节节电线，前期来进行水电改造的施工人员最清楚里面的线是如何排布的，这样调试安装插座面板是最快的，找一个不熟悉的施工人员会增加时间成本。

（九）水电验收

1. 水电需要边改造边进行验收

水电改造之前就要验收电管、电线等材料的规格，业主、监理在现场要拿着报价单进行验收，查看材料的品牌和型号是否符合要求，材料质量是否达标，如果不及时验收，等水电改造完成，便不容易验证材料的品牌、型号，改造完成后业主需要检查水电是否根据设计图中的位置来施工。

2. 水管压力测试注意事项

水管安装完24小时后，需要测试水压，做打压试验前，家里所有水龙头建议都安装成铁质水龙头，然后拆掉其中一个堵头连接试压机，管道注满水后排除剩余气体，然后在试压机的储水箱里蓄满水，接下来进行打压试验，压力要比平时自来水常压高1.5倍，根据楼层高低和其他因素而有所不同，一般情况下当压力上升到0.8MPa就可以停止打压进入等待状态，注意看压力表数值有没有下降，半小时内下降小于0.05MPa属于正常情况。给水管做打压测试并不是水压越大越好，如果超出水管承受范围，打压测试对水管造成的破坏是不可逆的，因此一定要注意。

▲ 水管压力

3. 电路验收方法

验收电路的时候要注意电路与暖气、煤气管路平行间距的标准是不小于300毫米，交叉间距大于100毫米。然后轻轻拽一下露出的电线看看是否能顺畅拉出，同时再次检查电线截面面积占电管截面面积是否小于40%。尽可能对每个开关进行测试，看是否灵敏，线路连接是否正常。最后要检查一下配电箱，里面线路裸露、进线出线有接头、同一根线上有包布等，这些都是不合格的状态。

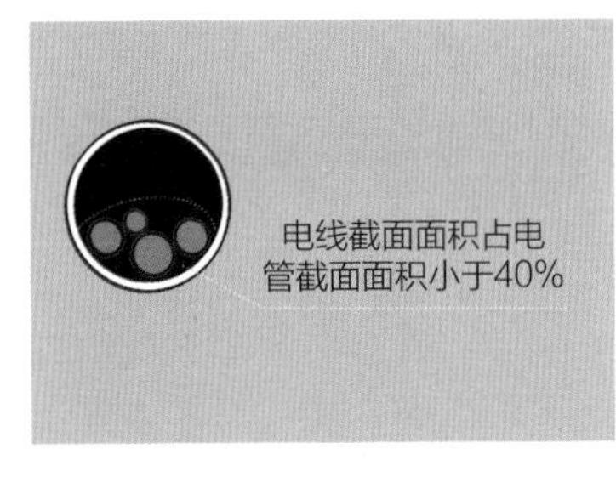

▲ 电线截面面积占电管截面面积图解

4. 记录水路和电路的位置

在水电验收这一环节，如果有条件可以让设计师量好尺寸，绘制一个水电线路图或者拍照留底，这样以后水电出现任何问题可以及时找到位置进行维修。后期在墙面安装吊柜、挂画等物品，打孔的时候可通过水电线路图避开线路位置，随便打孔会很危险。所以装修公司要整理好照片、图样作为水电施工验收的条件，这个必须要有。

（十）木工

1. 检查材料

材料进场后，需要查看石膏板的品牌、型号、厚度是否和报价单规定的一致，石膏板如果做隔墙，厚度应为9~20毫米，做吊顶的话可以薄一些，最常用的厚度一般为8.5~9毫米，吊顶一定要用轻钢龙骨石膏板，不能让木工用木龙骨做骨架，除非需要做一些异形吊顶，比如圆形、拱形等，木龙骨容易变形，而轻钢龙骨不易变形，比较结实，这一点木龙骨无法替代。

制作地台用到的材料一般都是木质的，比较便宜的就是苏木，变形概率大；质量比较好的就是榆木，变形概率小，但是价格比较高。更多应考虑时间长了材料会不会变形，因为地台一般都有盖板，里面会做储物空间。

2. 不要让木工做过于复杂的工艺

现在木工的操作工艺比较简单，几乎都会做吊顶、隔断墙、地台等，但是他们的整体水平、掌握的技术和以前的木工相比较差距很大，50岁以上的木工一般水平较高，可以制作家具及很多复杂的东西，年轻的木工在培训的时候就已经不学这些，因为橱柜、床、门等家具都有专门厂家来生产，定制家具现在也比较流行。所以建议业主不要让木工做太复杂的东西，很多业主觉得让木工做可以省钱，但很多情况下得到的东西跟预期差距会很大。

3. 木工是承上启下的重要角色

木工在施工环节中，是在现场时间最长的，技术好的木工经验丰富且具有统筹能力，他会考虑到水路、电路以及泥瓦工、油工等施工环节。

比如木工和油工的衔接，遇到不负责任的木工在做吊顶的时候，会把石膏板在90°拐角的位置用两块板直接拼上，这样特别容易开裂，后期油工施工后结果开裂了，业主可能会怪油工技术不好，真实原因是木工做得不好。这种90°的拐角都是安装L形的石膏板，石膏板接缝的地方不能用两个板直接拼在一起，如果缝太小腻子便刮不进去，缝太大就容易开裂，所以接缝的地方都要斜切45°做一个V形槽，这样两个对角是90°的凹槽，油工后期刮腻子的时候很容易刮平。

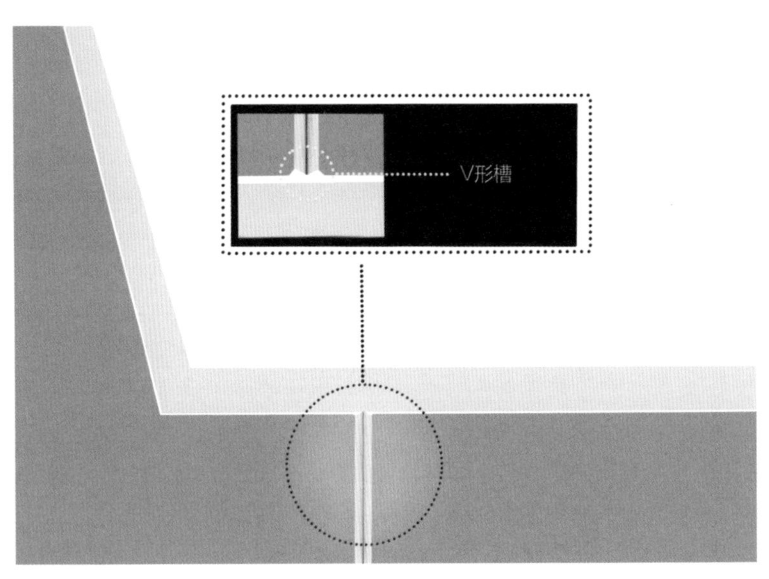

▲ 45° V形槽

选择施工人员的时候业主可以去他的施工现场观察一下，负责的木工和不负责的木工同业主沟通项目的详细程度是不一样的。

（十一）泥瓦工

泥瓦工的工作顺序一般是：砌墙、窗户换新（需要水泥砂浆找平）、墙面及地面水泥砂浆找平、防水和闭水试验、贴砖、勾缝及美缝、燃气改线、橱柜复尺、安装过门石。

1. 防水试验

需要做防水施工的地方主要是卫生间、厨房、阳台等区域。做防水施工是很简单的工序，但是特别考验施工人员的耐性，做防水试验前首先要检查防水施工的质量如何，比如涂层是否平整，有无开裂，防水涂料一般要刷三遍，然后在卫生间门口及管道口做好临时性封闭，等到涂料完全凝固后才能试水，放水需要没过管道根部，试验时间要超过24小时。

在检查的时候应重点关注淋浴间、坐便器周围，但是对于这些容易漏水的区域泥瓦工会做得特别好。业主需要关注的反而是容易被忽略的过门石区域，这里是个衔接点，很多泥瓦工防水涂料刷到这里就会停止，水流在过门石这里流不过去的时候，就会进入过门石下面或者被墙体吸收了，这样卫生间墙面返潮现象就会经常出现，所以过门石的边和底部防水涂料都要刷到，门的两侧，门洞侧面都要刷，这样有水流过的时候就会比较安全。

2. 闭水试验

闭水试验一般在防水试验结束24小时后进行，需要用土在门洞位置做一个小坡，把地漏堵住，蓄水高度一般为30~50毫米，每隔几个小时检查有无漏水现象，如有漏水现象需要立刻停止试验，重新做防水施工，如果等到48小时后，始终无漏水现象，就代表闭水试验成功，接下来就可以开始贴地砖，这一步需要监理、装修公司来确认，没有闭水试验是不允许贴地砖的，否则贴好砖以后如果发生漏水，需要拆了地砖重新做防水施工。

3. 贴砖

拉槽设计

卫生间是家中装修的重点，所以贴砖的时候有很多注意事项。卫生间一般会安装两个独立地漏，一个在淋浴间里面，一个在坐便器旁边，这两个安装地漏的位置贴砖时都要有坡度，淋浴间区域需要的坡度则更大一些，如果淋浴间面积比较大，比如长

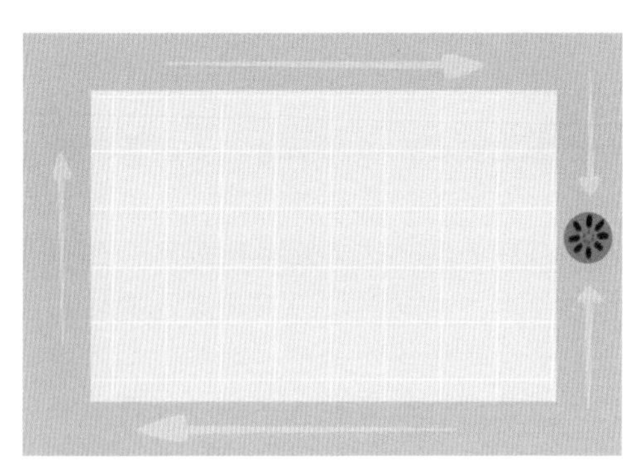

▲ 拉槽设计

度能达到2米，那两端可以各安装1个地漏，这样排水比较顺畅。洗澡时水会在地面滞留，水过多时则非常容易摔倒，还可以选择非传统的贴砖方式——拉槽设计。

将地漏安装在淋浴间两侧靠墙的位置，然后在淋浴间四周，留出宽度10厘米的凹槽，中间洗澡的地方可以铺设一层大理石，也可以铺设有纹理的拉槽板增强摩擦力，中间一般会比四周的凹槽处高1.5厘米，洗澡的时候如果水流急，水排得较为缓慢，它会一直在槽缝里循环，最终汇集到地漏处排出，这样站立的位置始终没有积水，安全系数会更高。

贴墙砖、地砖的顺序

贴砖的时候先贴墙砖还是先贴地砖？哪种更为合理？

地压墙——先贴墙砖，再贴地砖，这样水流下来的时候会直接漏在缝里，是对防水系统的挑战，虽然会做美缝、勾缝，但依然会有隐患。

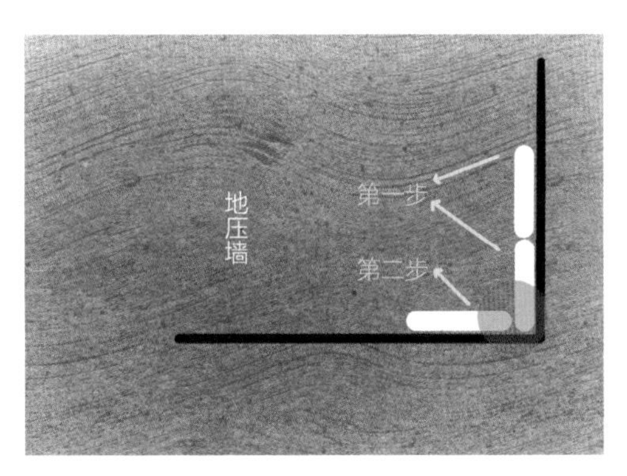

▲ 地压墙

墙压地——先贴地砖，再贴墙砖，这种方式会将墙砖压在地砖上，如果有水流下来会直接溅到地砖上，这样它很难通过砖缝流到地缝里，所以贴砖的时候更建议使用“墙压地”的方式。

因为墙压地工艺施工比较麻烦，所以很多装修公司不愿意这样做，尤其是卫生间区域的地面做地漏的时候需要一个低点，这样墙砖在四面墙高度会有一个误差，所以在施工的时候墙压地的工艺会非常复杂。

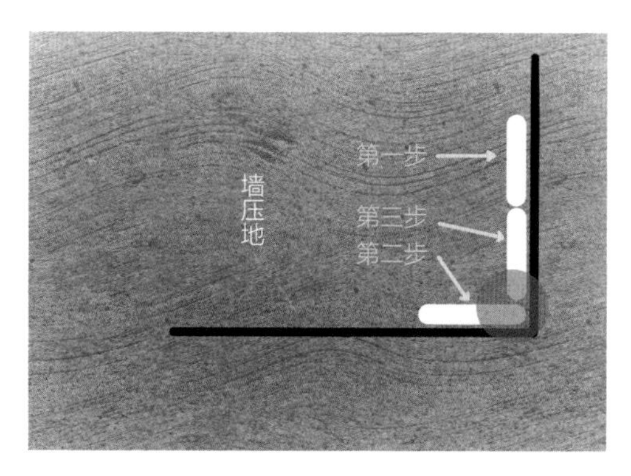

▲ 墙压地

墙压地施工过程

第一步：在墙面倒数第二层先贴一块悬空的砖，贴时需要悬空弹线找平，墙砖容易贴不牢固掉落，可以用小木条暂时做支撑。

第二步：在第一步中那块悬空的砖的正下方贴一块地砖。

第三步：待上面悬空的砖和地砖干透以后，将最后一层墙砖嵌进去，但是最后这层墙砖的切割比较麻烦，最下面切割处需要根据卫生间地面靠墙地砖的倾斜度做非90°坡面的准确切割，才能做到严丝合缝。

第四步：循环操作前三步。

接下来每一块墙砖和地砖都要按照这个方法重复操作，虽然程序比较复杂，但是这种方式比较合理。

◎贴砖所用的材料

贴砖用的材料不止有水泥砂浆，根据砖的材质会有改变，比如用普通的地砖或者墙砖，材料就用水泥砂浆，如果将地砖当作墙砖使用，这个时候就需要用专门的黏结剂，因为地砖的贴法和墙砖不一样，只有黏结剂才会贴得更结实，如果直接用水泥砂浆会有很大概率空鼓。

（十二）油工

1. 油工工期避开雨季

油工在石膏找平，刮腻子找平，砂纸打磨，刷底漆、面漆两遍等环节中，每一步都要等前一步充分干透，再做第二步、第三步施工，所以油工工期时间安排上最好避开夏季7、8月份的雨季，如果空气太潮湿，墙面就会干得比较慢，有的表面摸起来是干的，其实里面还没干，如果这个时候进行第二步，那墙面以后会一直返潮。

2. 石膏板贴布

石膏板隔墙接缝、吊顶接缝处都要贴网格布减少开裂概率，但是承重墙不需要贴。网格布轻薄、有弹性，不会影响石膏板找平，在以后石膏板热胀冷缩变形的情况下能有效防止墙皮开裂。

3. 刷涂料最好不要返工覆盖

刷涂料一般是底漆一遍，面漆两遍，一共三遍。在购买涂料后，对于涂料的使用细节要和油工交代清楚，颜色、位置、高度，都要交代清楚，如果油漆颜色刷错，改变会比较难。深颜色遮盖浅颜色容易，浅颜色遮盖深颜色比较难，重新刷很难保证不会透出底色。

4. 滚涂和喷涂的区别

涂料没有找平功能，只能遮盖墙面。喷涂一般比较均匀，但是比较费涂料，喷的时候雾状涂料会扩散，损耗比较大，经济条件允许的话这是最理想的方式。滚涂比较考验技术，接缝的地方可能重复次数比较多，颜色会有变化，技术不好会产生很多纹理，颜色不均匀。

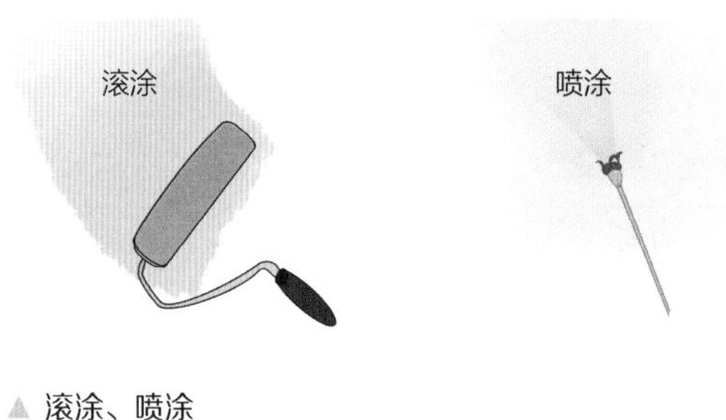

▲ 滚涂、喷涂

5. 油工验收注意事项

墙面外观验收：查看墙面有无掉粉、起皮、漏刷、颜色不匀、反色、鼓包等。

垂直度验收：如果没有监理帮忙，可以自己拿一把靠尺45°角放在墙面上从一端望去，看靠尺和墙面间有无缝隙，如有缝隙，说明墙面涂刷不平整。

（十三）主材安装

油工验收没有问题后，接下来要进行主材的安装，比如厨卫主材、地板、踢脚线、窗台石、门、垭口、窗套、定制衣柜、暖气片、开关、插座、灯具、卫浴等。

1. 主材安装顺序

主材安装的环节是有优化程序的，需要按照“先大件后小件，先脏后干净”的步骤进行。

大件主材包括橱柜、门、定制衣柜等，小件包括过门石、灯具、开关、插座等。安装中较“脏”的环节指的是橱柜安装，因为水池需要现场开洞，这样尺寸比较精准，切割石英石的时候粉末纷飞，房间会弄得很脏，类似的还有外门掏洞装锁，定制衣柜为了更加契合房间有时候也需要切割。

一般比较“脏”的安装环节，在安装后需要打胶，比如侧面和墙面接缝处需要打胶，厨房与橱柜的水池周围需要打胶，衣柜和墙面接缝处也需要打胶，打完胶后千万不要收拾卫生，因为胶完全干透需要一定时间，扫地扬起的灰尘会沾到胶上，使胶变得非常脏，一般可以等3个小时后胶干透了再打扫。

前面那些环节进行完就可以进行较为“干净”的安装环节，比如窗台板、过门石、暖气片、灯具、卫浴等，其中过门石如果需要切割也只会影响小范围空间。

2. 厨卫安装三次上门

厨卫安装人员第一次上门是在水电交底的时候，第二次上门是在泥瓦工贴完墙砖、地砖后，精确测量尺寸，这个时候可以下单定制橱柜。接下来就是主材安装环节，需要现场安装和做槽，并进行切割。

3. 打孔需谨慎

安装主材的时候，如果有涉及打孔的地方，需要拿拍摄的水电线路的照片边对比边寻找合适位置，打孔要避开电路、水路，否则非常危险。

（十四）综合验收

主材全部安装完毕，设计师和监理可以来进行综合验收，设计师首先验收整体效果是否符合设计方案，然后再看一下其他环节的施工质量。

墙面验收：查看墙面是否平整，有无渗水返潮现象，墙面石材和墙面砖有无裂痕和破损，嵌缝是否平直、完整。

水电验收：水电工程在施工过程中已经进行验收，这个时候需要再用电笔测一下所有电路是否通畅，家中所有开关是否灵敏，水路方面应打开水龙头查看流水是否通畅，水龙头和管道有无漏水现象，要保证排水无阻塞无渗透。

门窗验收：需要查看家中所有需要推拉的地方，比如纱窗、推拉门在推拉过程中是否顺畅轻便，行走是否平稳，门窗关上后是否严密。然后检查门窗的合页安装是否牢固，门窗的把手位置是否正确，保证开关过程中在住宅空间中不受阻挡。

（十五）墙面修补、保洁

众多安装环节过后，住宅的墙面会有损坏，比如安装门窗、运送大件材料，都有可能碰到墙面，这些都在允许范围内，最后让油工修补一下墙面就可以了。

所有项目结束之后，可以请专业的保洁做开荒保洁。比如门窗户、地板上的水泥块、油漆点、胶等，业主自己很难清理干净。开荒保洁是一项非常复杂的工作，保洁公司有很多专业工具，可以将装修遗留的垃圾、污渍等污染物清理干净，保证整个住宅的角角落落都是干净的，也方便入住后的清扫。比如在清理完装修垃圾后，保洁人员需要对住宅进行无死角吸尘，然后他们会根据卫生间或者厨房顶部和柜体本身的材料选择清理方法，不会对家具造成破坏，地面也是根据材质的不同（木地板、瓷砖）来将清洁剂稀释后进行清洁，家中所有不易注意的角落，排风口、空调口、开关盒、灯具、水龙头、瓷砖缝隙等都会清理干净。

（十六）摆放家具

关于家具如何摆放、如何设计更加舒适美观的问题，每位业主对自己的风格定位不同。在对自己想要什么没有明确想法的时候，建议业主多去家具商场看看家具，然后通过对比看看其中有没有比较喜欢的样式。

1. 家具规格

家具是住宅的灵魂，从规格方面来讲，在选择家具的时候一定要注意体量，体量用通俗一点的说法就是家具与房间的比例关系。现在常说的家具，更多是指客厅里的沙发、茶几、电视柜等，其中沙发包括三人位沙发、转角沙发等，然后卧室一般是一张床，两个床头柜，所以家具的数量比较固定，但是它们体量特别大，比如卧室面积十几平方米，一张床就占了将近4平方米，还是在中间的位置，沙发也会占据整个房间最主要的位置。

在家具商场看到的家具都摆在样品间里，比例等各方面看着很协调，但是买了摆在自己家以后要么特别大，占用空间过多，要么很小，显得家中很空，这是因为家具商场空间是根据每款家具而设计的，因此要根据自己房间的面积来摆放合适比例的家具。

除此之外还需要注意床的高度。床最合理的高度是业主坐在床上，然后脚尖微微一踩就能着地，成人小腿的长度为50厘米左右，床的高度一般为45~50厘米，但是中式床会到65~70厘米，如果家中孩子比较小，这种高床则危险性很高。

▲ 客厅

▲ 卧室

2. 家具风格

从视觉方面来讲，要看家具的颜色是否符合家中整体设计风格，家具在住宅中占据的色块比例较重，去购买家具的时候，要考虑家具的色块跟未来住宅设计风格怎样搭配更舒适，比如家中如果是中式风格，那去选择颜色纯度较高、较艳丽的家具肯定是格格不入的。

3. 家具材质

从家具材质方面来讲，在挑选家具的时候要注意实际使用情况。市场上沙发主要以布艺沙发、皮质沙发、实木沙发为主，但是养宠物的家庭就不建议买皮质沙发，因为宠物会在家中攀爬，沙发容易被咬坏或者划伤，损耗比较大，从实用性方面来讲有宠物的家庭建议买实木家具。实木家具也有很多种类，有传统的中式或者比较现代的类型，这种家具比较注重仪式感，舒适性比较差。

▲ 沙发

中式沙发的体量一般较大，日常打理也比较复杂，容易热胀冷缩，室内过于干燥还容易开裂，没有特殊情况或者个人特别要求，选择需要慎重。还有一种可以中和的搭配方式，就是买两把中式单椅放在沙发侧面装饰一下，虽然日常中舒适的布艺沙发使用率更高，但是中式单椅作为一个点缀来搭配也是没有问题的。

（十七）灯具

灯具一般分两大类，主光源灯和辅助光源灯。

1. 主光源灯和辅助光源灯的区别

主光源灯一般指的是主灯，除了照明功能以外，在关灯的状态下，主灯本身就可以作为装饰品存在，作为顶面的一个主体它还起到了点缀的作用。辅助光源灯指的是筒灯、射灯、轨道灯、灯带等，这些辅助光源灯的亮度不会非常强，主要作用是区域照明和烘托氛围，让家中的光源更有层次。

▲ 主光源灯

日常生活中辅助光源灯使用率是更高的，天黑以后回到家首先打开玄关的灯，然后进入卫生间、厨房、餐厅等地方，打开的都是区域的灯，除了聚会等需要特别明亮的光线，主灯的使用率可能并不是太高。比如晚上在沙发里窝着看书时，打开的是一旁的落地灯，睡觉前一般打开床头灯，主灯太亮会让人很难有睡意。现在楼间距比较窄，晚上开主光源灯不拉窗帘在外面会看得非常清楚，私密性很难得到保障，所以选择主光源灯的时候建议以造型、颜色跟整个装修风格协调为主，主光源灯作为装饰品的作用会更大。

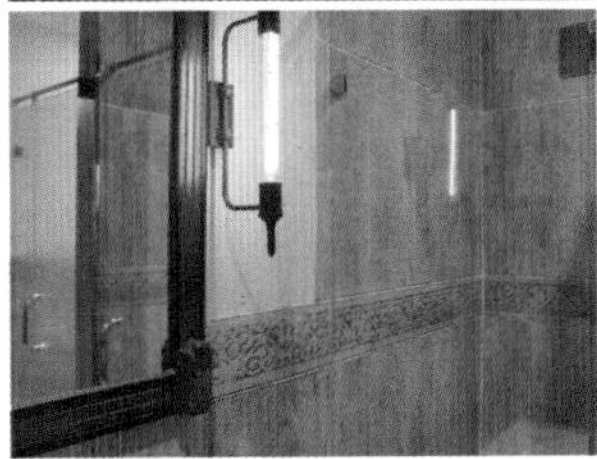

▲ 辅助光源灯

2. 辅助光源灯的照明层次

灯带的照明基本上都是漫反射光源，它是靠灯带与墙和地面的反射散发出来的光源，它本身亮度很低，但是线条感强烈，效果很美观。筒灯也是如此，它单个光源的照明范围大概为1.5~2平方米，如果空间很大，四周需要更多筒灯作为辅助照明。射灯是点状光源，主要用来照射一些装饰性物品，来做氛围烘托，比如家中的装饰画、艺术品，这些都是射灯的使用对象。

▲ 辅助光源层次

3. 选购主光源灯的要点

有一种主光源灯体积大，但是里面有很多小灯泡，这种灯比较费电，维修成本也很高，主光源灯应尽量挑选质量较好、使用寿命较长的正规品牌灯具，灯具的拆卸、维修都需要专业人员来做，如果坏了维修成本很高。

射灯的功率是很高的，20世纪80年代的传统灯泡功率大概为40~60瓦，一个普通射灯灯泡的功率就高达100瓦，它的亮度和耗电量都是很高的，需要的电线规格也更高。以前作者遇到过一个业主，他不太懂筒灯和射灯的区别，有些筒灯和射灯样式很像，都是内嵌在石膏板里，于是他把所有需要安装筒灯的地方都安装成了射灯，开始的时候他觉得这个灯特别亮，然后全部打开的时候就会跳闸，后来找维修人员来看，发现屋里安装了几十个射灯，加起来功率达到几千瓦，他当初用的截面面积为2.5平方毫米的电线根本带动不起来。

（十八）壁纸

1. 壁纸的种类

壁纸和涂料两者是可以替换的，壁纸是一种装饰性极强的材料，市场上分为PVC壁纸、无纺布壁纸、纸浆壁纸这几种。

这几种壁纸的材质区别是什么呢？PVC壁纸基本上已经脱离了纸质本身的状态，它表面纹理非常复杂，使用的都是人工合成的材质，环保性比较差，但是价格便宜。无纺布壁纸是模仿布的纹理，使用天然植物纤维用无纺工艺做的壁纸。这种壁纸环保性极强，色彩丰富不易燃，但是价格较高。纸浆壁纸以纸为基材，经印花后形成，自然无异味，比较环保，但时间久了容易泛黄。

2. 壁纸的优势和劣势

壁纸可以用作局部装饰，全屋贴壁纸的成本很高，壁纸比涂料价格要高，壁纸的环保方面相对涂料来讲也没有很大的提高。壁纸上的胶是环保无公害的，目前市场上用的所有壁纸胶都是土豆淀粉胶，它是从土豆里提取出来的，性质类似于20世纪八九十年代过年贴春联时用面粉和水熬成的浆糊，土豆淀粉黏性比较大，植物材料更加环保，质量问题则取决于壁纸的材质。

壁纸有一定的使用周期和使用寿命，尺寸一般是60厘米宽，每卷5米长，它在墙上是一条一条竖着拼接出来的，在接缝的位置，受到施工的技术、空气的湿度等原因影响，时间久了壁纸边缘会翘起来，家里有孩子看到可能就会撕扯掉，一般壁纸的使用寿命为7~8年，有些2~3年后壁纸边缘就会卷起来，而涂料就不会发生这种问题。壁纸表面的纹理和图案是涂料不具备的，如果墙面有小裂缝也可以遮盖，但是其他的优点并不明显。

3. 壁纸的损耗

使用壁纸的成本之所以高，因为虽然同等面积的壁纸和涂料价格是一致的，但是涂料比壁纸更加环保，损耗也比壁纸小。壁纸一般都有花纹，拼接时需要让花纹对齐，就需要裁剪壁纸，最后损耗量会达到20%，所以购买壁纸的时候要超出墙面实际面积购买，成本也随之大幅度增加。

（十九）布艺

布艺一般指家中的窗帘、桌布、地毯、挂毯等，不同材质、颜色的布艺影响着整个住宅的风格和视觉感受。

1. 购买窗帘“避坑”指南

窗帘的主要作用是保障家中隐私，不被他人窥视，但是白天为了保障采光，窗帘大部分时间是折叠状态，所以在选择窗帘的时候不用过分关注它的图案和纹理，很多人为了追求漂亮的图案和纹理，会多花上万元购买窗帘，但是那些图案和纹理只有打开窗帘的时候才会呈现出来，平时只有睡前的几个小时能欣赏一下，所以购买窗帘的时候建议买一些简约的。除了以上原因，还有窗帘在家居配色中属于背景色，如果图案和纹理过于花哨，容易喧宾夺主。窗帘的遮光性也非常重要，比如夏天的早上6点钟室外就已经很明亮了，如果窗帘的遮光性不好，肯定会影响睡眠质量。

▲ 窗帘

窗帘的计费方式并不是按照面积算的，它是按照窗帘的高度或者宽度来计算的。“买宽”的窗帘高度是固定的2.8米，宽度按照需求增加。比如住宅高度为2.8米以下，这样的话买宽，损耗会很小，记得多买一些，保证窗帘拉开后有微微的波浪状就足够了。“买高”就是窗帘宽度不变，高度增加，比如现在很多loft住宅面积不是很大，但窗户很高，会达到4米左右，这个时候需要按照买高的方式购买窗帘。另外还可以购买拼接窗帘，高度为2.8米的窗帘如果还差几十厘米才够，可以再拼接一个别的颜色的窗帘，比如用白色和浅灰色搭配，这样可以降低费用。

定制窗帘有很多额外收费的部分。有的材料又薄又轻，挂好后会有很多褶皱，商家会在下面缝一些挂坠、流苏来增加重量，整个窗帘的垂坠感就会变好，但是下面的饰品也变相提高了窗帘的价格，即使做卷边等简单的花样都需要额外收费。但是同商家沟通的时候，他可能会以低价位切入，别的商家报价70元每米，他可能报价30元每米，支付完定金测量完尺寸再次报价，就会变成200元每米，因为里面包含了很多额外收费，所以购买时需注意。

2. 地毯选购指南

家中地毯建议做区域性铺设，因为地毯非常难打理，时间久了易滋生细菌。一般在床边、茶几、厨房等区域铺设小块地毯，除了装饰性也具有一定功能性，比如围坐在茶几旁聊天吃东西，在床边看书等，因为这些地毯面积小，脏了也方便打理。

纤维特别长的地毯是最难打理的，那些浓密的纤维里特别容易“藏污纳垢”，需要用专业的清洗机才能洗干净，如果喜欢在家中放置一些地毯，建议买短的天然纤维或合成纤维的地毯，现在很多合成纤维地毯触感很舒服，纹理很漂亮，装饰性和实用性都较高。

（二十）装饰画

1. 装饰画是提升住宅气质和品位的关键因素

▲ 装饰画

装饰画种类繁多，需要根据住宅的装修风格选择，中式风格一般挂置山水画、禅意画等比较合适，欧式风格、法式风格挂置油画、欧式宫廷画等比较合适，很多现代简约风格、日式风格一般会挂置一些抽象画，如果传统中式风格硬要挂置一幅风格强烈的抽象画，会非常违和。

虽然装饰画中的画是主题，但是画框的线条感是最强的，俗语常说"三分画七分裱"，所以需要根据画的风格及色调来搭配画框，而画框也需要根据家中背景色来选择，画框的作用就是在画和背景墙之间做协调，如果业主在这方面并不是很有经验，建议选择白色或者黑色的简约画框即可。曾经有人买了一幅很漂亮的欧式油画，然后裱了中式红木框，红木材质和欧式风格是完全不协调的，不但破坏了住宅品位，还毁了一幅好画。

2. 装饰画布局

家中每个区域适合挂置的装饰画的尺寸也是不一样的，比如沙发背景墙区域是面积比较大的地方，如果挂置一幅30厘米×30厘米的小型装饰画，整个空间会变得非常奇怪和小气，一般会挂置3~4幅同系列大型装饰画，或者挂置一幅长条型装饰画，审美比较高的人可以进行多幅画混搭。

装饰画的挂置方式除了使用无痕钉和螺钉，还可以使用轨道挂画器。传统的挂置方式会让墙面布满钉孔，如果哪天想移动画的位置或者换画可能就会露出墙面的钉孔，非常不美观。而轨道挂画器外观简洁、移动方便、承重力强，它使用膨胀螺钉在墙面固定好一条轨道，然后在轨道里插入挂画绳，绳子上可以固定各种类型的挂钩，这样挂画的时候就可以随意移动装饰画。

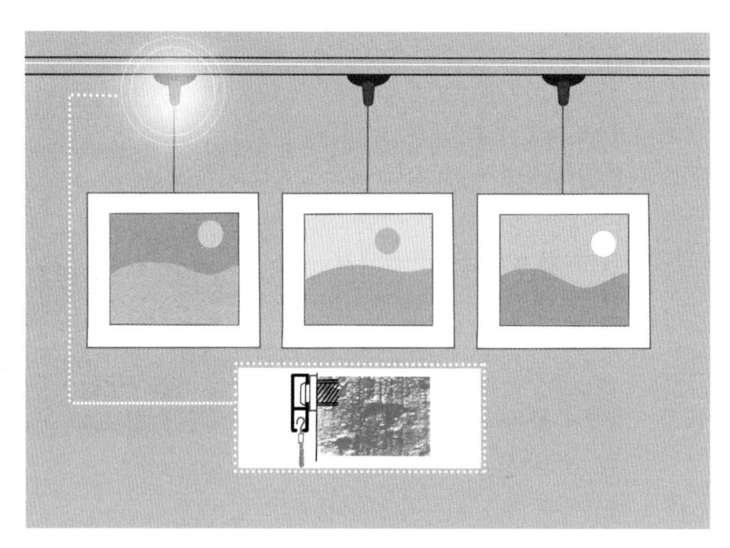

▲ 轨道挂画

3. 买名家画作值不值得

很多人喜欢在家中挂置一些名家画作，究竟买名家画作值不值得？这主要取决于个人经济能力和对艺术作品的喜爱程度。如果业主在这方面有特殊情结，喜欢收藏艺术作品，完全可以根据个人喜好来购买，但如果是纯粹地跟风，觉得挂置名家画作会比较有面子，还是需要慎重购买。如果家中想挂置手绘画作，市场上几百元到几千元都可以买到，尤其是一些美术学院学生的画作，技术水平较高，价格也比较合理。

（二十一）植物

植物能够给家中带来生机，起到一定装饰作用，但是在选购植物的时候一定要知道植物的特性，有的植物吸收二氧化碳，排放氧气，有的植物则相反，所以卧室里尽量不要放置大株植物，因为晚上睡觉的时候卧室封闭性很强，会导致室内二氧化碳含量过高，长年累月住下去身体健康容易出问题，卧室可以放置一些小型的多肉或者绿萝之类的植物。

刚装修完的住宅建议多放置一些绿萝，布满住宅的各个角落，绿萝是目前市场上具有吸收甲醛功能、性价比最高的植物，等到这些绿萝凋谢得差不多了，再在住宅中放置装饰性的植物。住宅玄关处一般正对外门的位置都会有一面玄关墙或者是过道墙，这个地方适合放置开红花的植物或者装饰画，以求“开门见喜”的寓意，如果不喜欢开花的植物，还可以在玄关柜上放置一

▲ 植物

盆叶子饱满的植物，可以调节心情。

购买植物的时候可以尽量选择叶子宽大圆润的植物，避免买一些叶子细长、顶端尖锐如针的植物，从安全角度出发，这类顶端尖锐的植物很容易扎伤人，家中有孩子的话更加需要注意。从摆放植物的位置来看，如果对植物非常精通和喜爱，有经济条件去购买各种珍贵花草，可以为这些花草打造专属的家中“小花园”。如果单纯为了装饰，建议尽量放置易养的植物，因为室内的植物很难像在室外一样有特别好的光照条件，室内光照时间短且不均匀，这就造成一些植物叶子一面非常茂盛，另一面非常稀疏，这样植物就需要经常转盆进行均匀的光照，搬动大株植物非常困难，可以将花盆换成带轮子的，这样移动起来很方便，也方便清扫。

（二十二）饰品

饰品包含的种类较多，比如照片墙、花瓶等挂饰和摆件，在装修过后不用急于放置这些饰品，不要为了装饰而去装饰，单纯地想把一个房间填满东西是没有意义而且影响美观的。市面上买到的饰品一般都是厂家根据大众喜好批量化、套餐化生产的，如果急于在家中摆满，可能会破坏一些个性化的装修风格。每个人的审美不一样，房间适当留白不会有任何问题，可以先放置一些自己特别喜欢的饰品，在以后漫长的生活中，审美也在逐渐发生变化，肯定会逐渐遇到更多喜欢的饰品，比如去不同的地方旅行带回的饰品，它是具有收藏意义的，慢慢地这些饰品会摆满屋子，形成个性化的装饰，它就像时光相册一样，记录着很多快乐时光。

▲ 饰品

（二十三）散味

收尾阶段住宅装修基本上已经完工，等住宅散味过后就可以直接入住。

住宅中的很多有害气体是没有气味的，如果闻到呛鼻的气味，那家中存在的物质就不仅仅是有害气体这么简单了。

甲醛一般通过胶挥发，家具板材大部分是用胶和木屑压制出来的，家中有大量橱柜、木地板、衣柜等板材制品，这些家具甲醛含量非常高。甲醛挥发时间可以持续十几年，装修完可以请专业的质检公司检测甲醛含量，如果没有超标就可以入住，超标的话可以用多种方法来降低甲醛含量。

住宅里放置多盆绿萝，每天开窗通风是基础的散味方法，如果在住宅柜体里涂抑制挥发的涂料，就可以有效控制甲醛每天的挥发量，一块板材每天的挥发量如果是0.03毫克，经过控制会变成0.01毫克，达到环保的状态，普通的通风散味法达不到这种效果，在选家具的时候购买有环保检测报告的家居品牌对于甲醛含量的减少比通风散味的作用要大很多。

（二十四）入住

装修的收尾细节非常重要，直接影响之后的入住体验。比如宽带、电话等都是需要提前预约安装的，燃气也是需要去燃气公司办理手续后使用。

入住后，需要打开家中的水龙头、花洒检查水流是否顺畅，因为下水口在施工中容易被掉落的一些水泥块、漆堵塞，造成水流不顺畅的情况。然后把厨房所有电器同时打开，运行10分钟检测一下电路是否能带动起来，有无跳闸现象。业主入住后尽量把平时用的东西都检测一遍，如果发现问题要及时调整，以免影响入住体验。

第四章

小心陷阱——装修避坑指南

（一）钓鱼式工程

钓鱼式工程是指装修公司会先抛出“诱饵”诱惑业主，等业主“上钩”后再慢慢“宰”，比如低价位签订客户后的额外收费行为。

在挑选装修公司的时候要货比三家，其中的报价可能是大多数人比较在乎的，毕竟大部分人买房后在装修方面预算并不是非常富裕，部分装修公司抓住这一点，会以很低的报价诱惑想低预算装修住宅的人，一般成交概率会很高。

在装修过程中讲到，施工中期很多增项是在允许范围内的，装修公司则利用这一点提高报价，最后发现加上增项的费用整体装修费用会比其他装修公司都高，但是装修到中期阶段中途换装修公司也很不划算，而且装修公司会以后期保修为要挟，如果业主觉得无所谓，去找新的装修公司接手，90%的装修公司不会愿意接手，因为中间涉及的问题太琐碎，争执会很多，即使找到了愿意接手的装修公司，他们也会在合同里加上“我们只负责后期接手的工程施工的质量，之前的工程质量有任何问题和我们没关系”。之前的装修公司已经没有保修责任了，接手后的装修公司也不会负责住宅的后期问题，在后期打孔过程中还可能因为不熟悉电路而破坏电线，这类的问题非常多。

▲ 低价陷阱

为了避免进入钓鱼式工程的陷阱，不要盲目选择以低价位进行诱惑的装修公司。

（二）打乱预算

打乱预算就是把一个本来可以整体报价的项目，分成了4~5个项目分开报价，外行人来看，每个项目单价都不贵，可能只有几元钱，但是算总价的时候会比原本的整体报价高很多。

比如装修中有一项工艺叫作“墙面找平涂刷涂料”，报价单后面有标注工艺做法，其中包括：石膏找平一遍，粗糙找平一遍，腻子找平三遍，打磨两遍，找平一遍，打磨一遍，找平一遍，打磨一遍，刷底漆一遍，刷面漆两遍。这个项目整体报价是70元每平方米，如果家中是300平方米的墙面加顶面，这一项费用就高达21000元，一般人觉得仅墙面刷漆就这么贵，可能就会另外选择装修公司。为了吸引这类急需装修的外行人注意，很多装修公司在报价单上会首先标出刷漆价格，比如一遍10元，单看这一项特别便宜，接下来还有打磨10元、墙面固化8元等，这些东西很多业主一般不太关注，但这些零碎的报价加起来可能达到85元每平方米，将预算项目顺序打乱欺瞒客户，就是无良装修公司的一个“陷阱”。

出现这种现象的原因主要是装修公司规模的不同，很多无良装修公司在报价方面如果没有优势则很难吸引到顾客，所以还是建议大家找值得信赖的正规装修公司，这个行业的预算报价利润点上下起伏不超过5%，如果不是特别懂里面的门道不要贸然签订合同。

（三）材料供应

材料供应也是无良装修公司牟取暴利的一种渠道。他们在预算清单标明的材料供应品牌都是一些大品牌，业主看到会觉得很安心，但是每个品牌旗下的系列产品是非常多的，比如立邦旗下有100多个系列，最贵的一桶涂料能卖到2000元/桶，最便宜的涂料只有80元每桶，价格能相差20多倍，只写品牌不标注产品型号会非常容易受骗，即使材料型号再多也要一一核实好。

用标准化的、高质量的好材料报价，施工中供应低质量、不环保的材料是无良装修公司的一贯作风，如果业主不去仔细检查很难发现问题，只查看品牌是没有用的。使用品牌最便宜的系列产品充数还不是最严重的，有些商家甚至会用虚假品牌来充数，他们的商标和正规品牌相似，但是会在品牌前后加上一些小字，被业主发现就说自己已经写清楚和他们不是同一个品牌，在包装设计方面给业主造成错觉。

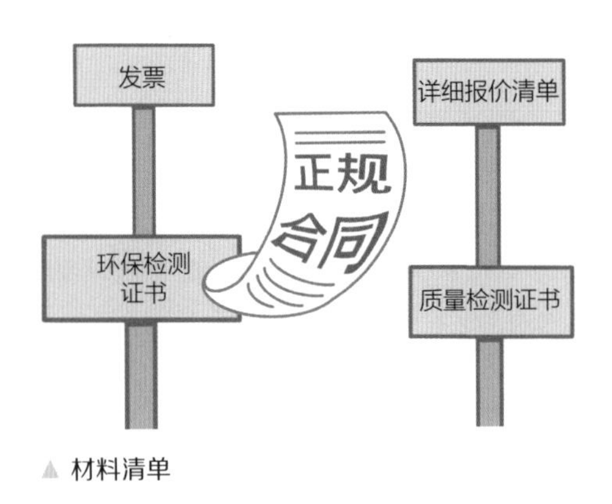

▲ 材料清单

规范的装饰公司，在材料进场以后会主动联系业主来验收，不但会把产品摆在现场，还会提供每一个产品的发票、环保检测证书、质量检测证书、详细报价清单，然后让业主核对检查，如果装修公司不提供这些，业主可以主动提出要求检查。

（四）装修工序

装修工序中也存在很多陷阱，有些工序随便打乱，无良装修公司就会在其中谋取更高的利润。

1. 贴砖工序中的陷阱

比如在贴砖这项工序中，墙面和地面之间有两种衔接方法：“地压墙”和“墙压地”，讲施工流程的时候具体讲过两种具体施工方法，“地压墙”是先整体贴墙砖再整体贴地砖，这样施工较快，但勾缝处日积月累会向下渗水。“墙压地”是最合理的方法，但是施工比较麻烦。

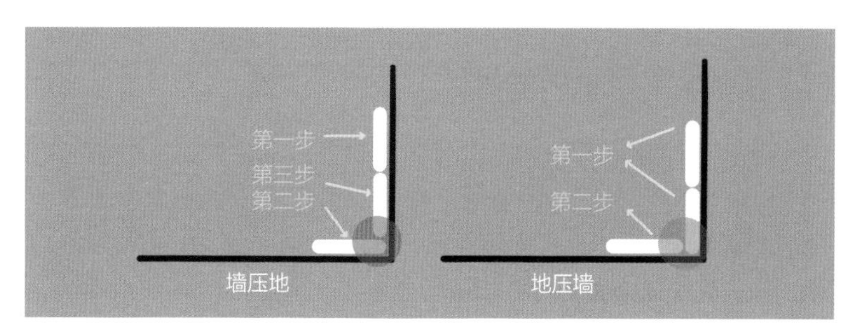

▲ 贴砖

"墙压地"每一道工序既耗时又考验技术，但这是最合理的贴砖方法，贴砖的报价都是统一的，如果打乱工序用"地压墙"的方法，装修方会获得更多利润。

2. 墙面基础工序中的陷阱

原始的水泥墙必须经过石膏找平、腻子找平、打磨找平等工序，其中找平工艺是需要反复操作才能达到理想效果的，但是如果少刮一遍腻子、少打磨一遍，最终的呈现效果是否绝对平整，肉眼是无法识别的，只有靠尺测量才会发现，通过故意遗漏工序会让无良装修公司节省很多费用，获得更大利润。

3. 防水工程中的陷阱

防水工程一般要做三遍才会达到要求，但是有些装修公司只做一遍，也能通过后面的闭水试验，因为防水涂料是液体状态，刷一遍只形成一层薄膜，干透后类似于超市的塑料袋，虽然能足够支撑到做完闭水试验，但后期贴砖的时候很容易被踩透，非常危险，这种情况会使无良装修公司节省一大笔材料、人工、工具的费用。

4. 铺设管道中的陷阱

在地面或墙面的槽内放置管道的时候，无论放几根，都会用到起固定作用的卡子，它会将每根管道之间隔出8厘米左右的距离，每一排管道每隔1米或者80厘米就会使用一个，这样后期水泥砂浆填缝的时候可以最大程度压实，这样能保证每根管道之间都有水泥支撑，但是有些装修公司为了省事省钱会直接用钢丝捆绑固定管道，缝隙大小不一，这样在后期水泥砂浆填缝的时候会不均匀，容易造成后期石膏开裂，墙砖掉落。

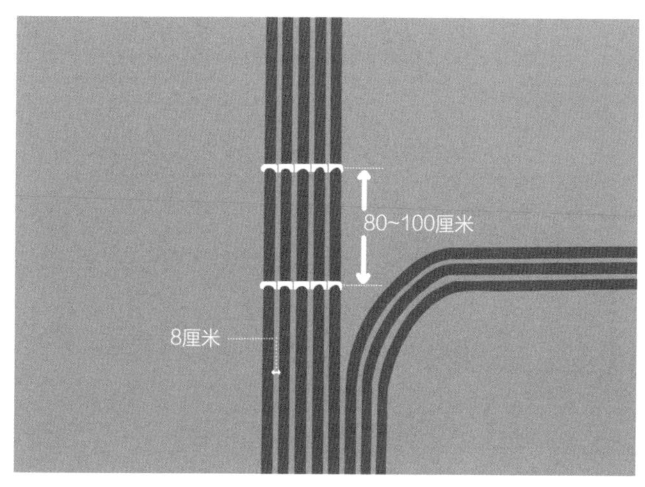

▲ 管道卡子

（五）设计中的陷阱

设计中的陷阱因人而异，独立设计师在职业道德方面比较有保障，但是大部分人装修的时候都是直接使用装修公司提供的免费设计，这样设计师和装修公司会配合得更好。

有些项目在设计阶段，设计师会故意漏项，后期装修公司就会设置增项进行收费。比如明明知道业主需要安装中央空调，在设计的时候故意在顶棚位置做很多异形，影响中央空调的安装，这时候施工方就会更改施工方案，产生增项。

还有做水电改造的时候，水电图样都是由设计师提前设计，然后在墙上将所有点位都画好再施工，如果业主不去强调一些设计细节，3米宽的墙上，设计师恨不得设计10个插座，每多安装一个插座施工的时候都会多增加一笔费用，但是插座过于密集，墙体的安全性就会降低。

再比如在做吊顶设计的时候，故意做非常复杂的设计，不用吊顶的地方强行吊顶，这也会增加很多费用。

（六）装修污染

所有的装修污染几乎都出自于装修材料，好的材料和差的材料环保等级相差巨大，对于业主来说是无法用肉眼判断污染程度的，必须由环保检测公司检测才能知道材料的环保等级，污染程度大的材料一般都比较便宜，为了防止无良装修公司偷梁换柱，装修材料的型号、品牌、购买地点业主都要亲自进行对比检查。

（七）监理

监理在装修中是比较重要的角色，通常只有建筑项目配置监理。

业主请的监理一定要确保是第三方，因为大部分装修公司赠送的监理遇到问题会得过且过，不能完全为业主考虑。他们会指出一些可有可无的小问题，让业主感觉他们很负责，实际上他们的所作所为都是为了装修公司的利益。比如遇到施工中不规范的行为，他们可能为了配合装修公司开一张几百元的罚单，体现他们负责的行为，但是如果敢开数额大的罚单可能会导致从装修公司失业。而独立的第三方监理不同，他们会站在业主的角度解决问题，非常认真负责，他们会负责装修中每个关键节点的监工和验收，让业主的装修过程更加有保障。

（八）保留证据

保留证据这一项对于业主来说非常重要，因为装修中遇到无法调节的问题肯定需要打官司解决问题，这个时候证据就非常重要。

作为一个从业多年的设计师，这些年作者打过很多的官司，大部分是因为业主验收合格入住后不支付设计尾款，虽然很反感打官司这件事，但是经历过多场官司后作者对这方面非常有经验。法庭上的法官并不通晓所有类型的法律法规，很可能会遇到一个不懂得装修行业法规的法官，所以他对事情进行判断的关键就是证据。

1. 监理整改单据留存

如果请了监理，每次遇到问题他就会开出一张整改单，将整改天数、整改内容等详细罗列出来，这类整改单还有罚款单等单据监理都会盖章后留存一份，以备后期遇到问题时使用。比如有一家防水施工没有做好，水将楼下价值100万元的红木家具泡坏了，这个时候只能起诉装修公司来获得赔偿，业主拿着防水整改单据，证明装修公司在这方面确实有过失，对法官说："装修时防水施工做得不过关，闭水试验做了5回都漏水，第6回做完后当时确实不漏了，现在第二年就开始漏水，还没超过5年保质期，防水保质期是5年，现在是第二年就漏水了，而且把楼下红木家具泡坏了……"这时候法官直接宣判他胜诉。他先拿这个单据给装修公司看，让他们自己确定是监理公司提供的单据，认可了是监理行为，他和楼下的住户都得到了赔偿。

2. 验收单据留存

如果没有请监理公司，那就要格外注意装修公司提供的单据。比如水电验收、防水验收的单据都要签字盖章和装修公司各保留一份，在和装修公司沟通时还可以用手机录音，这也是一种强有力的证据。

作者曾经做过一个工装项目，完工后业主迟迟不支付尾款，因此只能到法院起诉，由于之前作者保留了很多证据，包括业主亲笔签字的施工验收的报告，他们入住后的办公照片等，所以这场官司不到20分钟就结案了，法官当场宣判每迟一天支付尾款就要多支付一天滞纳金，对方迅速让财务结了尾款。作为业主也是一样的，装修公司说得再好，也不会为未来遇到的问题买单，任何环节，都要保证有装修公司盖章的单据，比如装修中的施工人员，他今天说是装修公司的人，明天就可能会说和装修公司没关系。

3. 安全隐患证据留存

装修施工中所有人的安全问题一定要在合同中详细标明由装修公司负责，因为装修流程中有很多项目都有危险性，比如触电、使用电锯不当切伤手指、误踩钉子等。

装修中各类安全隐患是非常多的，现在的工人大多数都是短时间内培训出来的产业化工人，在安全意识方面并没有得到足够多的培训，所以出现安全事故的概率比较高。如果遇到受伤的工人故意讹诈，也没有证据证明这个工人是装修公司的人或者根本没有在合同里标明装修方负责工人的安全隐患问题，那他开个伤残证明可以在医院一直住着，然后业主需要负责他们的手术费、营养费、医药费、误工费等，会让业主损失一大笔费用。

以前有一位工人，在使用电锯切砖时没控制好，把中指指甲部分直接切掉了，手术花费9万多元，医药费4万多元，营养费5万多元，误工费一天350元，他一共休息了120天，最后需要得到几十万元赔偿。当时业主和装修公司签订合同的时候没有安全事故这一项的证据，最后业主和装修公司各赔偿一半，一般赔偿金额为几千元装修公司会直接自己赔偿，但是赔偿金额很大的情况下，他们就会推脱责任，所以一定要留下强有力的证据。

4. 施工方个人信息证件留存

有一种情况是不用装修公司，自己找施工队装修。曾经有业主自己在施工队找了工长来装修，工长自己找了工人来帮忙，那位工人砸墙的时候没有先用电锯做切割，而是拿起工具直接砸，四散的砖体直接将他的小腿砸骨折，工长自己逃逸了。工人看病需要付款就去起诉业主，法院的态度是业主目前有义务付款给工人看病，支付各项费用，包括误工费，同时业主也可以起诉工长，但是当问他工长具体信息的时候业主根本不知道，只知道工长在同一住宅区装修了很多套住宅，这个时候法院是没有义务去帮他找这个连名字都不清楚的人的，所以最后业主只能自己承担这些费用。

签订合同以后，装修公司需要提供营业执照和施工资质复印件、法人身份证复印件、现场施工代班工长身份证复印、所有工人身份证复印件，然后盖上公司公章自己保留，这样出事后责任人无法逃逸。很多的装修公司只有营业执照没有资质，一定要注意公司名称的后缀，如果是装修设计有限公司或者设计咨询有限公司基本上都是没有资质的，一般有资质的公司名称后缀都是装修装饰工程有限公司，营业执照里没有工程两个字是没有施工资质的。

5. 发票证据留存

业主和装修公司签订合同后，需要让对方提供发票并留存，如果有些上市公司不提供发票，可以去起诉对方，正规公司一般在税务上都比较谨慎，会答应业主的要求。签订合同之后每一笔装修款都要支付到对方的公司账号中，如果代收必须拿出盖公章的收据。作者遇到过很多工长代收装修款后拿钱逃逸，或者离职设计师代表装修公司收取装修款后逃逸的情况，所以要留存证据。

第五章

改善环境——科学布局方法

无数人的生活经验告诉我们，千篇一律的设计布局，只会增加日常生活中的不便，每个人的生活习惯不同，装修则更加需要根据个人生活需求做出以人为本的家装设计。

（一）插座及开关的布局

插座及开关的布局对于生活质量的影响非常大，因为它们的使用频率最高，每天都要开灯关灯、使用插座充电等，所以开关及插座的布局是否合理，对生活质量影响非常大。

1. 开关类型

平时所说单开、双开、三开指的是开关的按键数量。

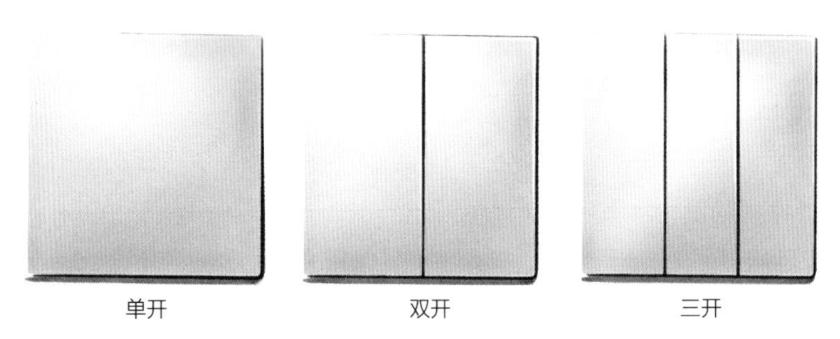

▲ 开关类型

单控、双控、多控指的是一件电器可以由几个开关控制。

单控指的是一个开关控制一件或者多件电器。

双控指的是由两个开关控制一件电器，比较常见的就是卧室入门处和床头各安装一个开关来控制卧室主灯，睡觉时伸手即可关灯，再也不用起身去门口关灯。

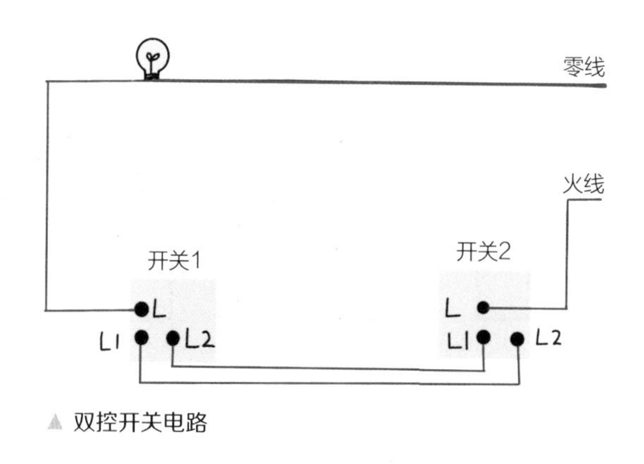

▲ 双控开关电路

2. 插座类型

最常见的插座是五孔插座，因其不能同时插两种电器，后来被优化成斜五孔插座。

带开关的插座可以一键断开或连接电路，可以避免频繁插拔插头导致插头接触不良、插座受损的问题。

USB插座可以使电子设备充电更加方便。

四孔插座相比五孔插座在床头柜、电视柜等两孔插头电器更多的区域较为实用。

地插多用于餐桌下及附近无墙壁的地方。

16A插座多用于空调、烤箱等大功率电器。

110V插座，如果厨房小家电是国外购买的，需在厨房安装适配的110V插座。

五孔插座

带开关插座

USB插座

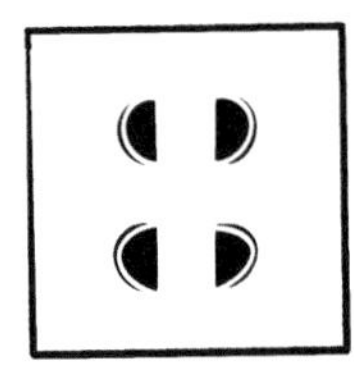
四孔插座

地插

16A插座

▲ 插座类型

3. 插座及开关的安装高度

一般开关距地面的通用高度为130~140厘米，距离门框为10~20厘米，具体高度可以根据家人平均身高决定，同一室内开关高度应该一致。

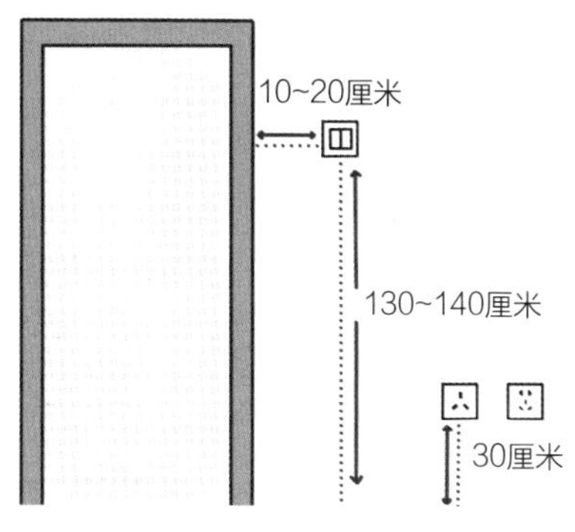

▲ 开关距离地面高度

明装插座距地面不低于180厘米，暗装插座距地面一般是30厘米。

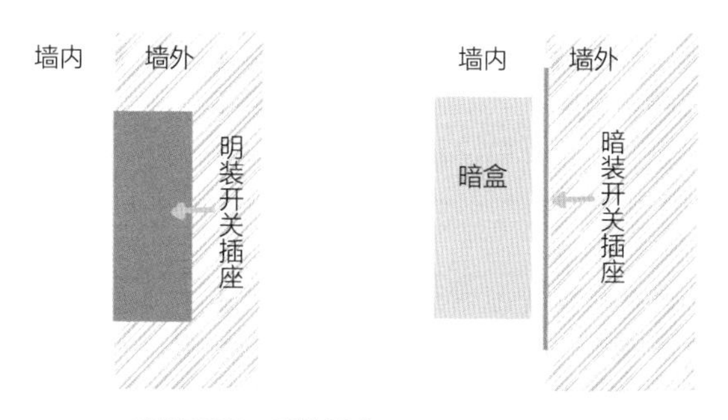

▲ 明装插座、暗装插座

4. 插座及开关在家中各区域的布局

(1) 玄关

插座：玄关区域建议预留2个插座，方便使用小夜灯和烘鞋器或者给手机充电。

开关：入门处可以安装玄关灯开关或者客厅灯的双控开关，夜晚回家能在第一时间得到照明，不用摸黑寻找。

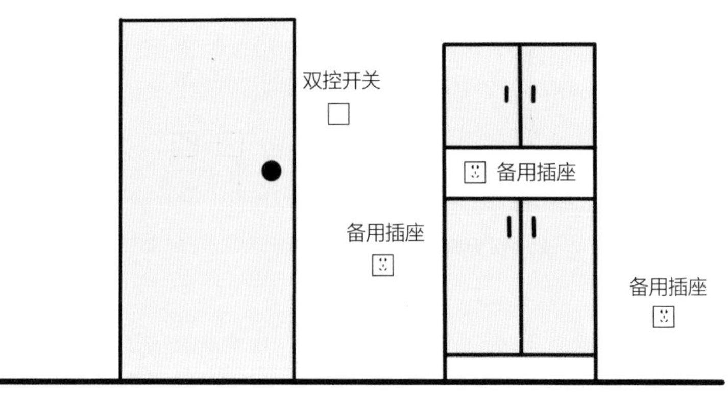

▲ 玄关开关插座

（2）客厅

客厅沙发背景墙

插座：可以根据情况预留2~5个插座，除了日常手机充电、落地灯用电，还要为一些小家电预留出插座的位置，比如扫地机器人、投影仪、吸尘器等。

开关：客厅沙发背景墙处适合安装调光开关，控制客厅不同情境下的亮度和色温。

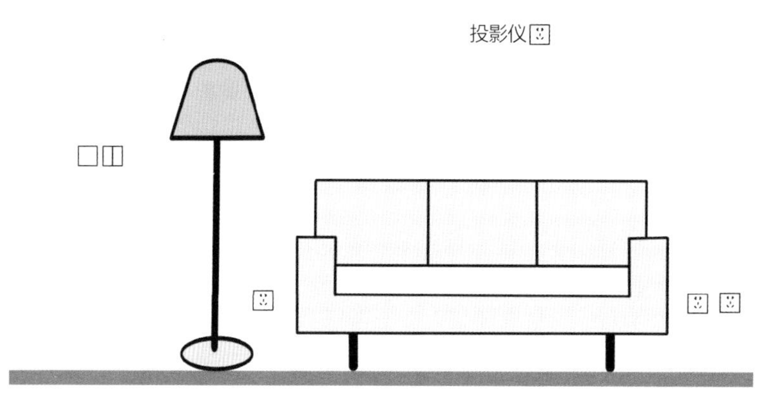

▲ 客厅开关插座（一）

客厅电视背景墙

插座：客厅电视背景墙处一般需预留3~6个插座，用来为电视机、音响、幕布、净化器、空调等电器预留插座。

开关：电视背景墙装有筒灯或者射灯的情况需要预留一个开关。

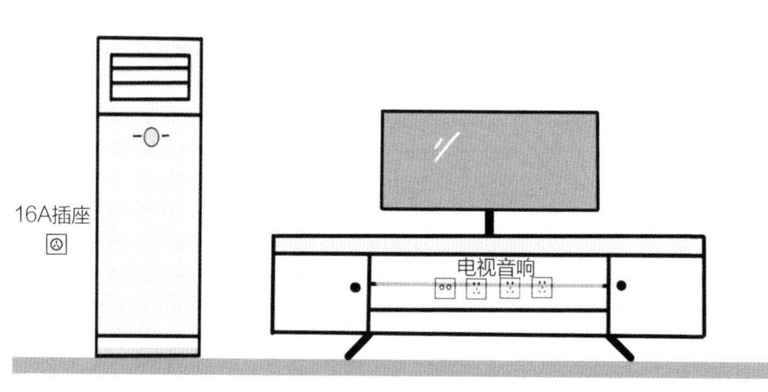

▲ 客厅开关插座（二）

（3）厨房

插座：厨房操作台处需要安装至少3~5个插座，厨房小家电较多，如电饭煲、榨汁机、电饼铛、微波炉等，如果同时使用，插座多一点会提高烹饪效率。

嵌入式大容量蒸箱、烤箱旁边建议使用16A插座，使用时更加安全。水槽下方建议为垃圾处理器、净水器、水槽洗碗机等预留插座。抽油烟机旁边预留带有防护罩的插座。

开关：厨房一般只需要在入门处安装一个照明开关。

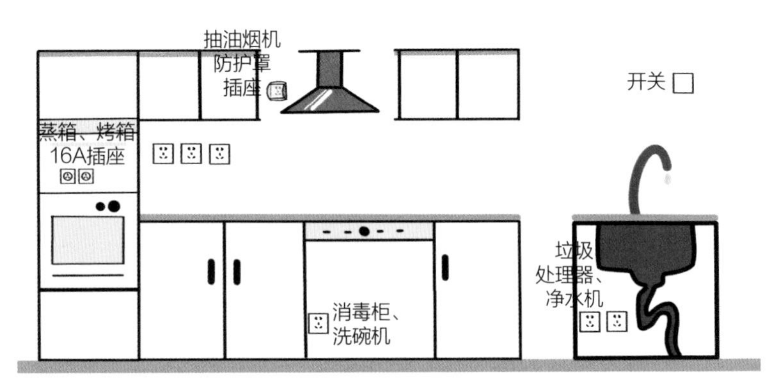

▲ 厨房

（4）卧室

插座：床头安装USB插座方便充电，梳妆台安装三孔插座或两孔插座为吹风机、卷发棒、直发梳等预留位置。

开关：床头和卧室门口安装双控开关，夜晚开关灯都比较方便。

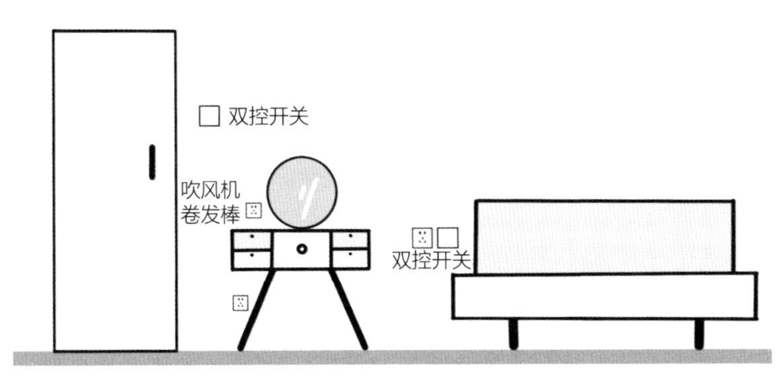

▲ 卧室

（5）餐厅

插座：一般餐边柜台面会放置饮水机、咖啡机、烤面包机等小型电器，餐厅的餐边柜处一般要预留2~4个插座。冰箱旁边预留一个插座，一般距离地面50厘米。如果有吃火锅、烤肉的需求，可以在餐桌旁预留一个插座。

开关：一般需要安装照明开关或者吊扇开关。

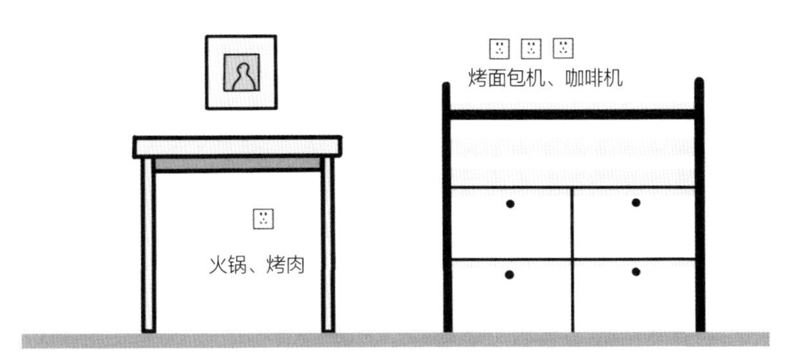

▲ 餐厅

（6）卫生间

插座：卫生间建议全部安装带防溅盒的插座，洗漱区安装1~3个插座用来使用吹风机以及为电动牙刷、冲牙器、剃须刀等充电。洗衣机区为烘干机和洗衣机各预留一个插座。电热水器插座要按照在距离地面约200厘米的高处墙面上，防溅盒密封度要高。坐便器旁边可以预留一个插座用来给手机充电。

开关：卫生间距离地面130厘米左右，安装集照明、取暖、换气等功能为一体的集成开关。

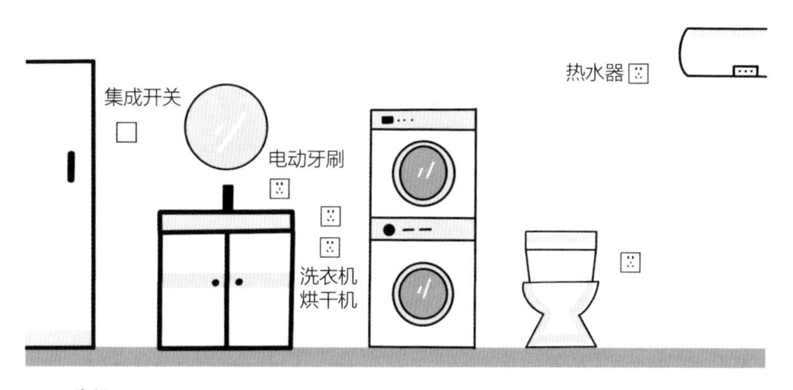

▲ 卫生间

（二）空间布局

在家中的行动路线（简称动线）非常重要，在家中每个区域间行动是否方便，这与住宅的空间布局息息相关，家中的空间布局一般是根据住宅的户型、家庭成员的生活规律来进行设计的。住宅的空间包括玄关、客厅、餐厅、卧室、阳台、厨房、卫生间等区域，在设计布局的时候要考虑到每一位家庭成员的使用需求。

1. 玄关空间布局

玄关在公共空间中属于过渡空间，在此不会长时间停留，所以玄关只需要满足短暂停留时的功能需求就可以。

开门见厅

开门一览无余会导致房间隐私性较差，可以选择打造玄关柜做隔断，上面透光下面储物，格栅或者玻璃窗皆可。

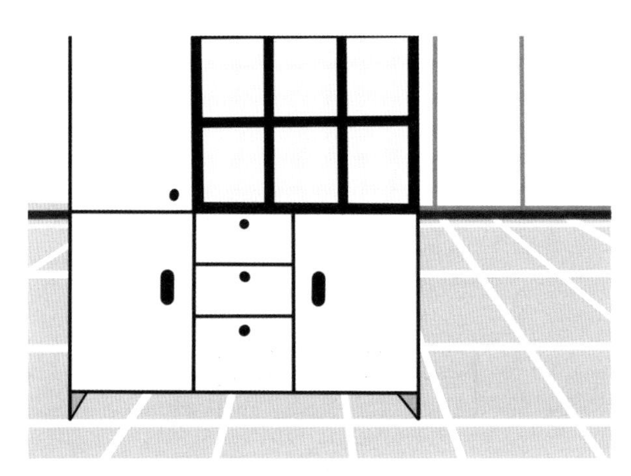

▲ 玄关——开门见厅

狭长型玄关

狭长型玄关可以打造整面墙玄关柜，留出换鞋、挂衣的位置，完善玄关功能，如果宽度足够，可以一侧做玄关柜，另一侧放置换鞋凳、穿衣镜、挂钩等。

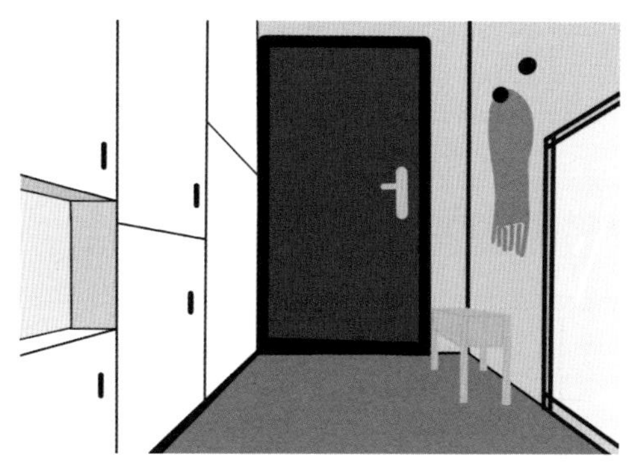

▲ 玄关——狭长型玄关

2. 客厅空间布局

客厅的布局主要根据其实际使用功能来设计。

家庭综合模式

客厅传统布局主要满足一家人围坐聊天、看电视的功能，布局方式一般是沙发+茶几+电视机或投影仪。

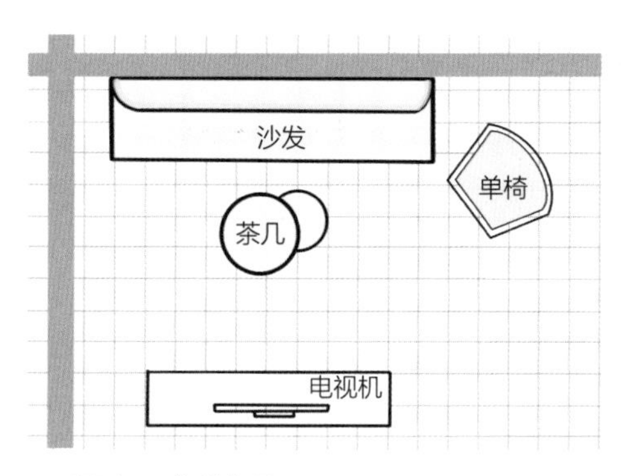

▲ 客厅——传统布局

阅读模式

以聊天、阅读为核心，无电视机的客厅，可以采用对称布局，布局方式一般是沙发+茶几+书柜。

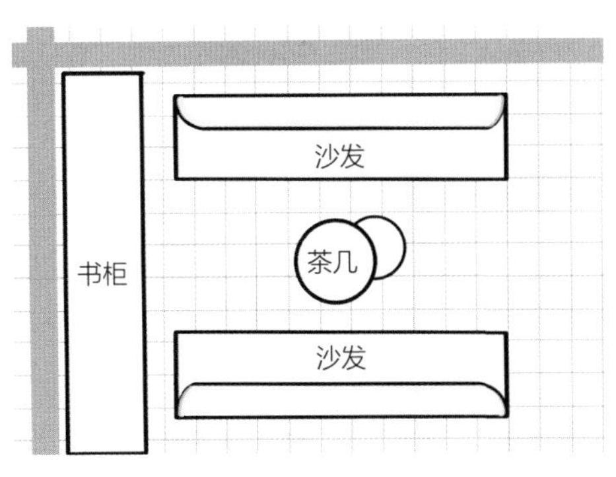

▲ 客厅——对称布局

办公模式

如今家庭办公区越来越流行，如果想在拥有客厅一个独立办公的区域，可以采用一分为二的布局方式，将客厅功能区进行划分，中间放沙发做隔断，左右两侧各放置书桌和电视机。

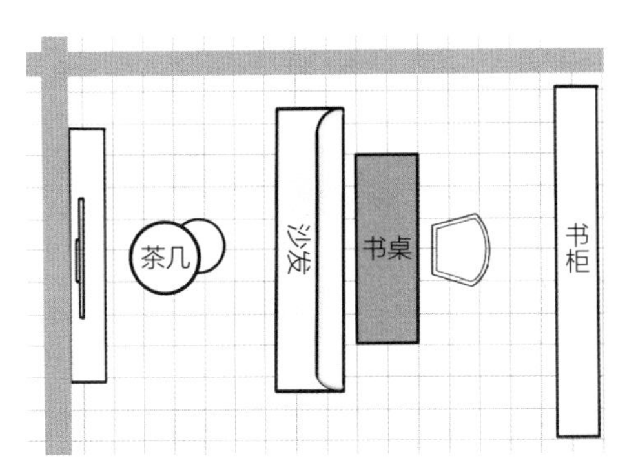

▲ 客厅——分区布局

3. 餐厅空间布局

餐厅主要由餐边柜和餐桌椅组成，简单的几样家具根据不同户型和家庭情况搭配出的效果也各不相同。

角落餐厅布局

餐厅空间较小或无餐厅空间的家庭，可以靠墙采用圆形小餐桌+半围合卡座+餐边柜的布局方式打造一个餐厅，优点是节省空间，增加储物空间，吃饭的时候夹菜也更加方便。

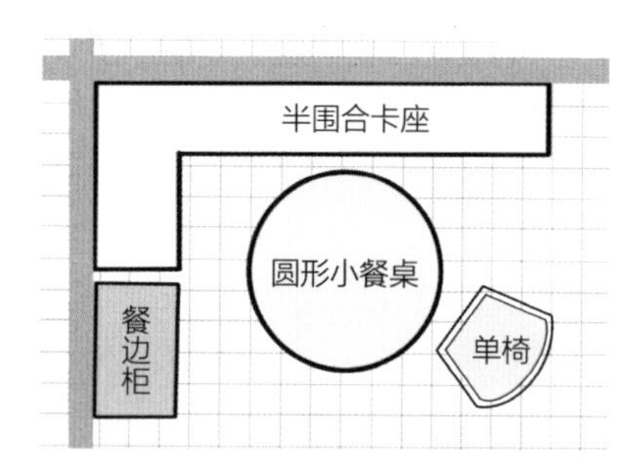

▲ 餐厅——角落布局

长桌+卡座也是很常见的一种角落餐厅布局方式。

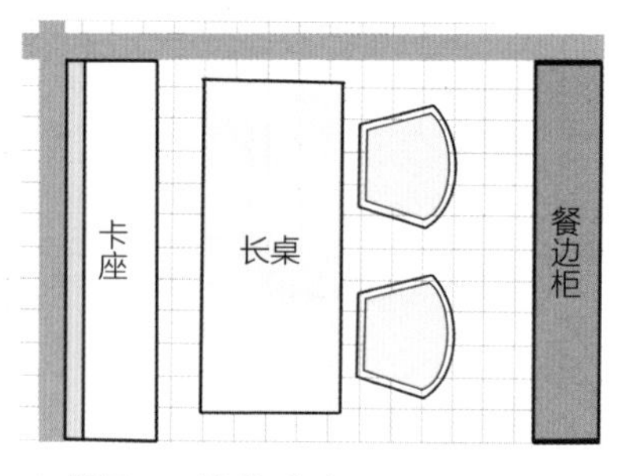

▲ 餐厅——长桌+卡座

独立餐厅布局

长条形餐桌+单椅+长条凳的组合很适合家庭成员较多但餐厅空间较为局促的家庭，长条凳相较餐椅更加节省空间，移动也更加灵活，可以根据用餐人数随时进行调整。

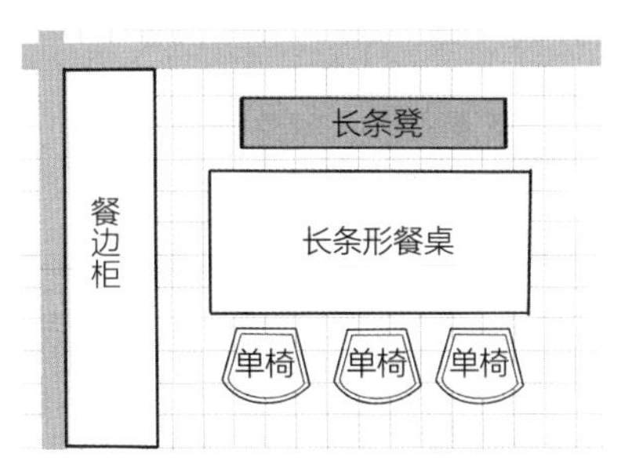

▲ 餐厅——独立餐厅布局

岛台餐厅布局

做开放式厨房的家庭可以尝试岛台餐厅布局，延伸式桌面可以放置更多物品，增加置物空间，餐厨空间整体性也更强，动线较为流畅。

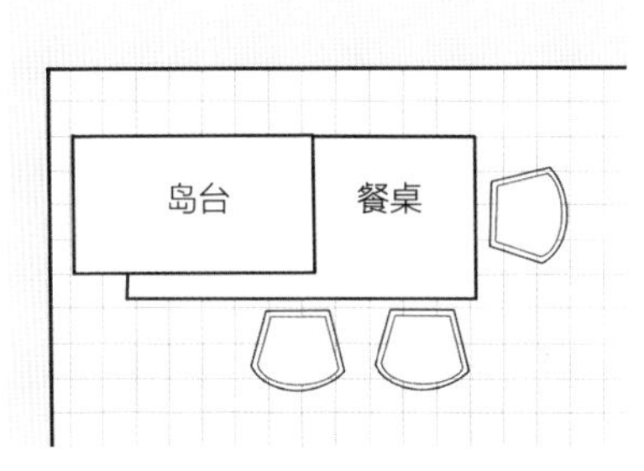

▲ 餐厅——岛台餐厅布局

4. 厨房空间布局

U形厨房布局

面积较大、宽度足够的厨房，可以选择使用U形厨房布局，它是操作效率较高的一种布局方式，操作台面足够，动线合理。

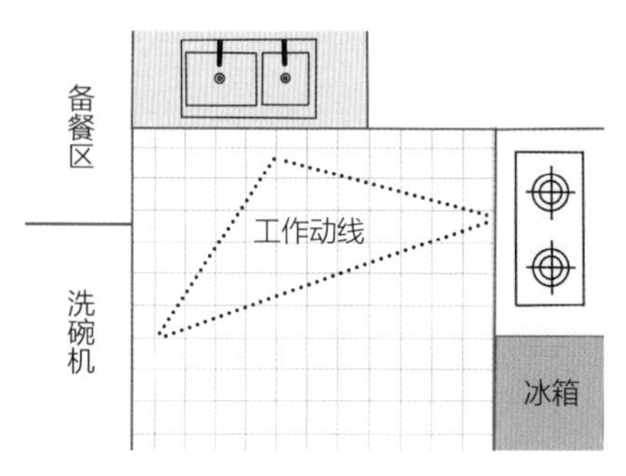

▲ 厨房——U形厨房布局

L形厨房布局

L形布局的厨房较为常见，因为一般厨房宽度较窄，一面是窗，一面是门，L形是最为合理的布局方式，但其缺陷是动线受阻，操作空间不足，可以使用移动小推车来弥补缺陷。

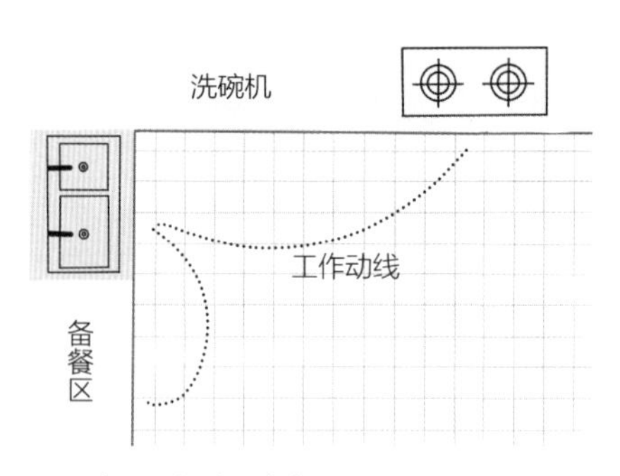

▲ 厨房——L形厨房布局

开放式厨房布局

开放式厨房的布局方式较多，面积较大的户型一般都会在厨房做独立岛台，岛台四周会形成合理的动线，左右都可以穿过，与餐厅进行完美分割，还能增加储物空间。

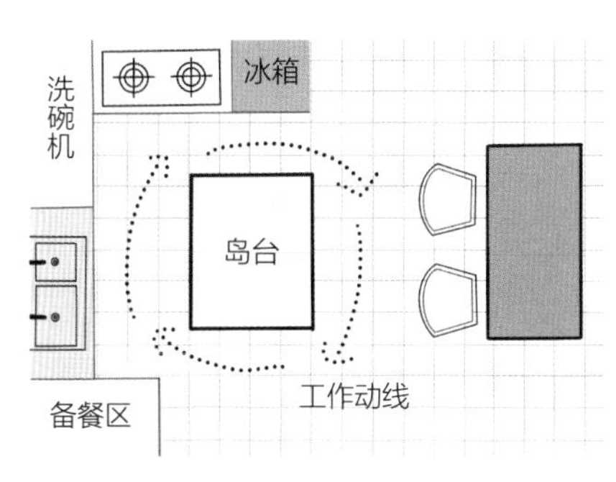

▲ 厨房——开放式厨房布局

5. 卧室空间布局

传统布局

传统卧室的布局是床在卧室中间，两侧各放一个床头柜，随着时代发展，家庭成员对卧室使用需求有了变化，床两侧的床头柜逐渐被化妆台、书桌代替。

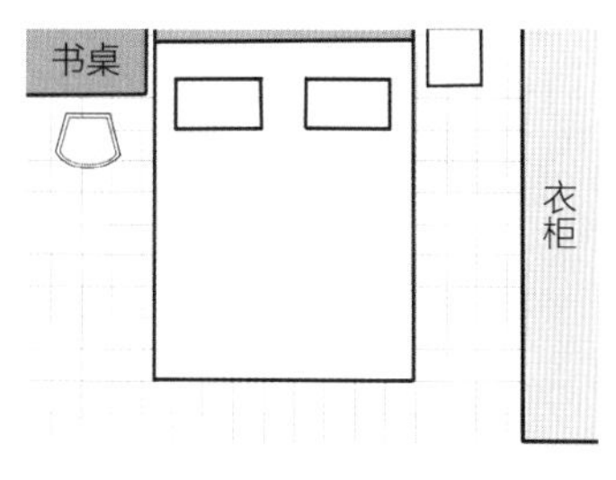

▲ 卧室——传统布局

一体化布局

很多面积较小的次卧越来越多地被打造成多功能室，同时兼具书房、茶室、客房等功能，榻榻米+书柜+衣柜的一体化布局方式可以释放出更多活动空间，功能也更加丰富。

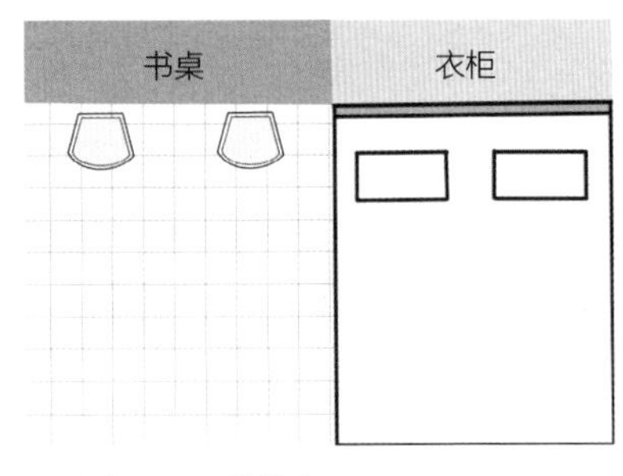

▲ 卧室——一体化布局

6. 卫生间空间布局

干湿分离

洗漱区、如厕区、淋浴区一字排开，坐便器与淋浴区中间增加玻璃隔断，可以有效隔离地面积水、水汽，保持卫生间整洁。

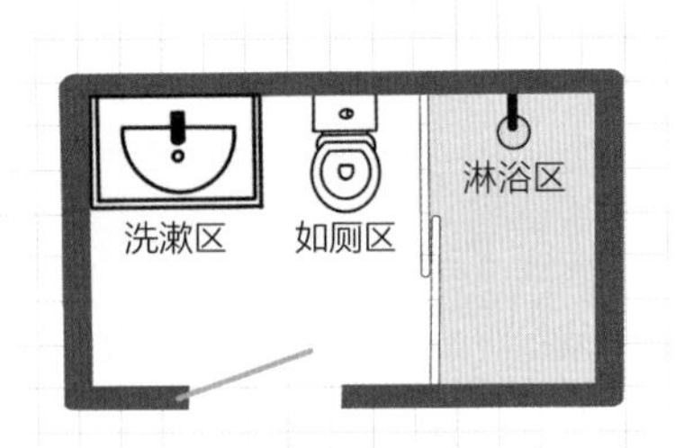

▲ 卫生间——干湿分离

三式分离

如果卫生间面积足够大，可以尝试将淋浴区、洗漱区、如厕区做三式分离，家里人口较多的情况下较为实用，一个卫生间可以同时满足三个人不同的使用需求。

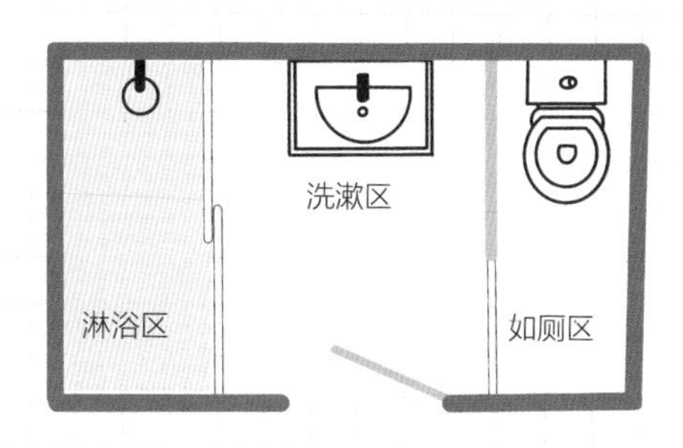

▲ 卫生间——三式分离

洗漱区外移

洗漱区外移不但能够实现另一种形式的干湿分离，还能够释放卫生间面积，提高卫生间使用效率，可以有效改善早起上班、上学赶时间抢占卫生间的情况。

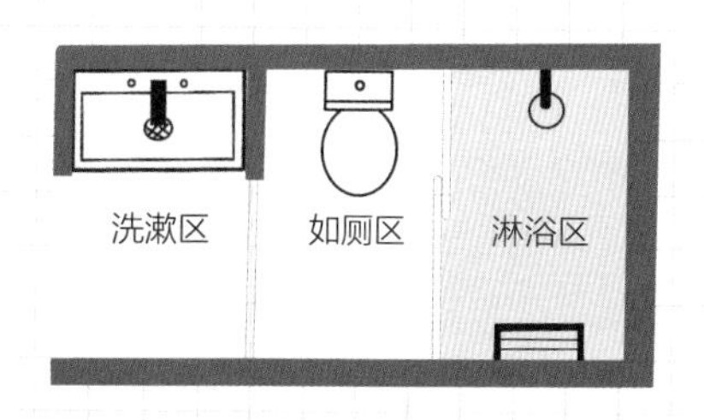

▲ 卫生间——洗漱区外移

（三）灯光布局

灯光不仅仅有照明的作用，灯光布局更是影响家中氛围和品质的关键因素。

1. 照明方式

首先来了解一下各类照明方式：功能照明、重点照明、氛围照明。

功能照明主要作用是提升整体环境亮度，光线较为均匀统一，比如客厅的主光源灯，光线几乎可以均匀覆盖整个区域。

重点照明是为突出某区域而设置的照明方式，比如餐厅上方的灯及厨房吊柜下方的灯。

氛围照明则通过灯带或者点状光源起到一定装饰作用，提升家中的品质，比如单独用来装饰电视背景墙的射灯等。

2. 色温

灯光的色温同样会直接影响一个空间所传递给人的氛围感，色温的定义是对黑体进行不同程度加温发出的光所含的光谱成分，称为这一温度下的色温，计量单位为“K”。

日常生活中所接触的光，都会与某一温度下黑体发出的光所含的光谱成分相同，就称为“××K”色温。

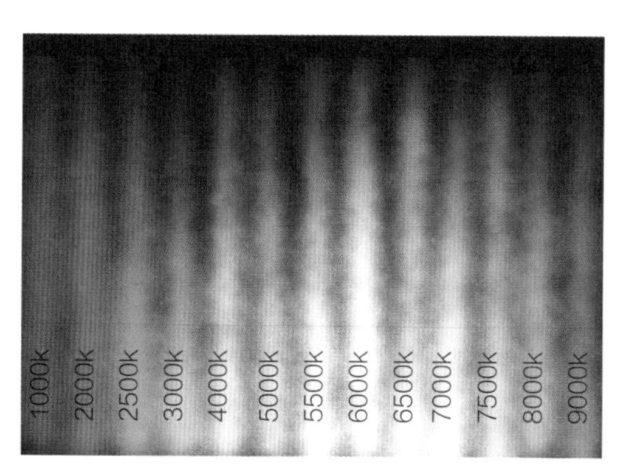

▲ 色温图谱

常见的光一般分为三种色温模式，暖色光、中性色光、冷色光，色温越低，光的颜色越偏暖色，色温越高，光的颜色越偏冷色。

暖色光：3300K以下，红色光比例较多，给人温暖安逸的感觉，常用于卧室、病房等地方，待在暖色光的氛围中入睡会更加容易。

中性色光：3300~5000K，光线柔和，明度适中，一般适用于医院、餐厅、商店等场所。

冷色光：5000K以上，冷色光接近自然光，容易让人精神集中，一般适用于各种办公、学习等场所。

家用灯光色温值一般为2700~4000K，不同色温对人的情绪是有一定影响的，暖色光让人感觉舒适安逸，冷色光让人冷静清晰，但色温超过3000K冷色光会逐渐增加，长期待在冷色光中，对视网膜的伤害较大，尤其是长期使用6500K以上色温的灯具，日常用光一定要注意灯具的挑选以及控制灯具使用时长。

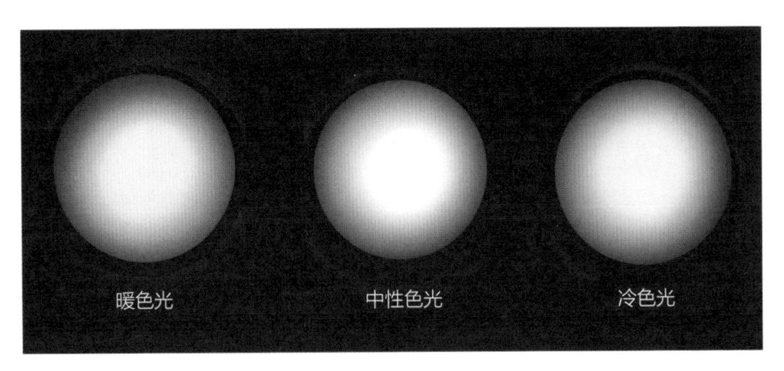

▲ 色温模式

3. 各空间灯光布局

（1）玄关灯光布局

玄关顶部适合安装色温为4000~6000K的筒灯，简单清晰，不会有压迫感，且能均匀布光，玄关空间小，安装一个足以，玄关空间大的情况下可以根据灯光的亮度决定灯具数量和间距，间距一般为1~2米，需安装同一规格的筒灯。

玄关柜中间和底部可安装隐藏式灯带解决照明死角，选用色温3000K的灯具即可，这种不会直接看到发光源的照明方式氛围感十足，会缓解深色柜体带给人的压迫感。

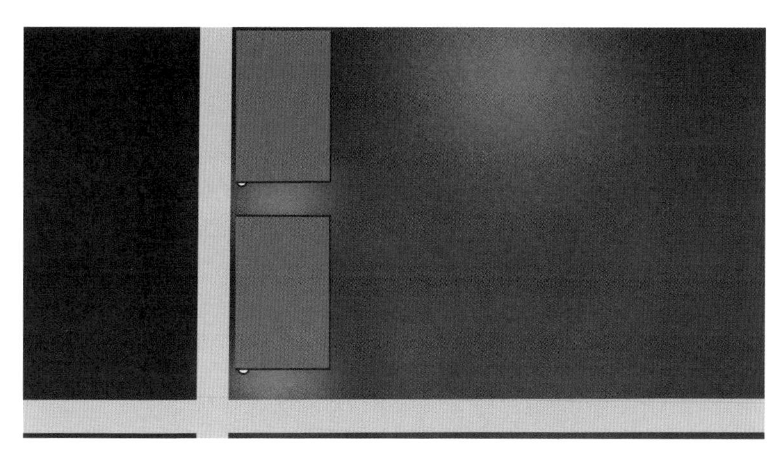

玄关灯光

（2）客厅灯光布局

客厅一般情况下选择色温为2700~3000K的灯具较为合适，客厅顶部一般需要安装吸顶灯或吊灯作为主光源，让光照射到空间每个角落，除此之外，电视背景墙可安装灯带或者射灯作为氛围照明，沙发旁可放置落地灯作为功能照明，阅读小憩皆可。

客厅灯光

（3）餐厅灯光布局

餐厅灯光一般由色温3000K的筒灯+吊灯组成，筒灯均匀布光，吊灯作为重点照明，提升氛围感。

▲ 餐厅灯光

（4）厨房灯光布局

厨房主光源灯一般选用色温为5500~6000K的筒灯或者吸顶灯，吊柜下方光照会受到影响，可以安装色温为3000~4500K的灯带作为重点照明，如有需要，靠窗的水槽上方可安装防雾射灯。

▲ 厨房灯光

（5）卧室灯光布局

卧室一般安装色温为2700~3000K的灯具更容易打造温馨舒适的氛围，主光源灯可选用简单的吸顶灯或吊灯，床头可安装壁灯或吊灯作为氛围照明。

▲ 卧室灯光

（6）卫生间灯光布局

卫生间一般选用色温为4000~5000K的筒灯或LED灯板作为基础照明，浴缸旁安装防雾灯营造氛围，洗漱区可安装壁灯或灯带作为辅助照明，方便梳洗化妆，卫生间水汽较重，需安装防水型灯具避免受潮短路。

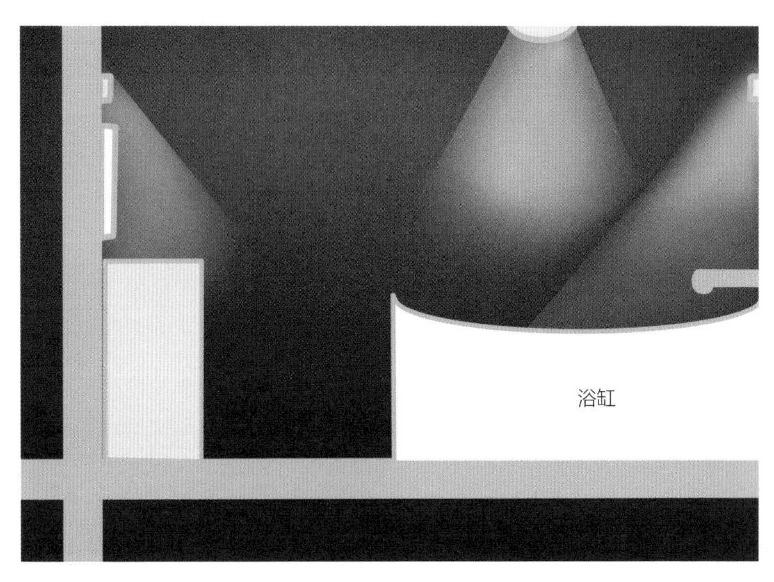

▲ 卫生间灯光

第六章

井井有条——高效收纳术

（一）正视物品分类

在家居收纳技巧中，首先需要掌握的就是“正视物品分类”。

物品分类是收纳的基础，不仅能在更小的空间放置更多的东西，还会在拿取物品时更加方便。物品分类放置不是将物品简单堆积，见缝插针地到处挤压物品，很多时候会渐渐忘记堆积在最下面的物品的存在，如果是食物可能会过期，如果是衣物可能会过时。

1. 垂直空间收纳

住宅地面的尺寸是有限的，所以我们需要开拓垂直空间，可以充分利用空间的家具就是那些能达到空间极限高度的柜子、架子等。

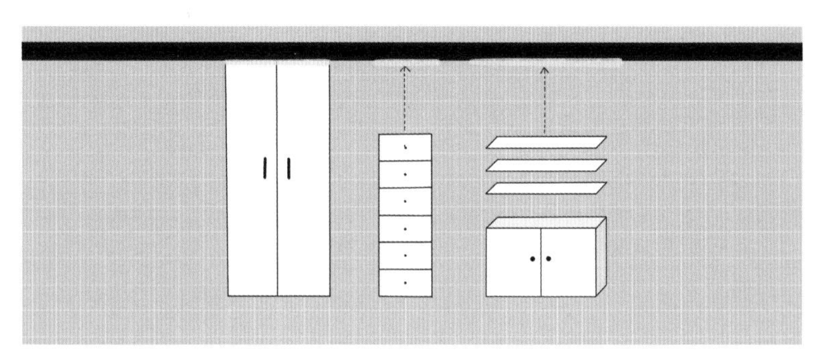

▲ 垂直空间收纳

2. 分类要有条理

在进行收纳之前，尽量把需要收纳的物品，按照不同的品类来划定不同的收纳区域。比如打造一块专门放孩子玩具的区域，这样不但可以让孩子和大人的东西分开方便找寻，还间接培养了孩子随时整理玩具的好习惯，减轻大人很多家务负担。

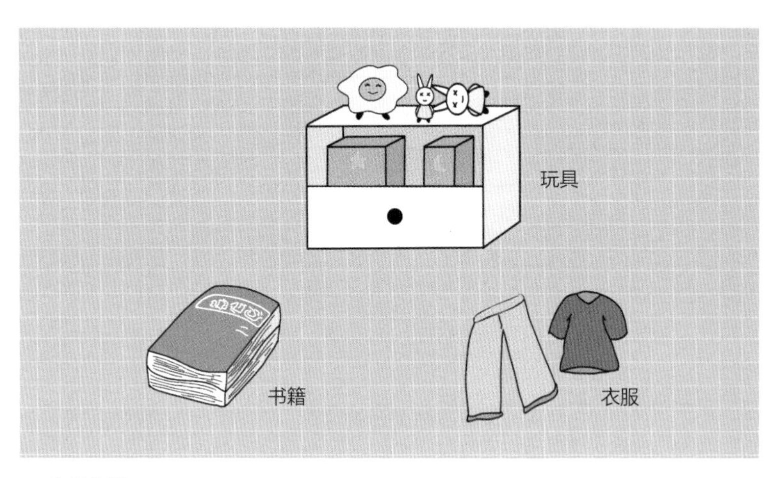

▲ 收纳分类

3. 收纳箱的选择

零碎物品建议使用透明箱子进行收纳，这样可以直接看到箱子里面的物品，方便快速找到并拿取物品 。不透明的箱体可能会让整体看起来更加整洁，可以通过贴标签的方式来辨别里面物品，可以详细标注箱子里面的物品种类和数量。

4. 收纳分层，便于拿取

收纳的前提是为了让生活更加方便，而不是增加更多烦恼，很多人认真做好物品分类，家里确实整洁很多，但是每次拿东西都需要搬开很多大箱子才能拿到自己需要的物品，所以在打造收纳空间的时候，一定要做好分层，保证每层独立，俗称抽屉式收纳，这样的收纳方式能极大减少找物品时所用的体力和时间，也避免了最底层物品被压坏或者被遗忘等情况。

▲ 收纳箱、分层

5. 选择靠谱的收纳工具

选择收纳工具首先需要考量的是收纳工具质量的好坏，承重力是多少，是否坚固耐用，收纳工具不但有收纳物品的作用，更有保护物品的作用。比如藏酒架如果不结实，那么当酒架坍塌的时候，无论多名贵的酒都得给酒架“陪葬”，所以根据收纳物品的价值来考虑收纳工具的质量是非常重要的。

其次考虑收纳工具空间利用率的设计是否合理，能否充分利用了空间，有些收纳工具看着很大，其实就是个“花架子”，根本装不了多少东西，实用性不高。

最后需要看收纳工具的安装过程是否复杂。

6 独立收纳空间

很多家庭会在家中选取一个小房间来做杂物间或储藏室，很多使用率很低的物品都放到储藏间里面，可以最大程度保证家中的美观和整洁。比如孩子长大后，家中的婴儿车、婴儿床等物品无论是卖还是送人都得放很长时间才能处理，这些物品就可以直接放在储物室，家中会立刻宽敞很多。还有很多户外运动爱好者的家中运动用品会很多，比如滑雪用具、帐篷等一些大件物品，可能普通的储物柜是很难放下的，储物间就可以完美解决这个问题。

（二）各区域高效收纳

1. 玄关收纳

玄关收纳的关键在于便捷性，不同玄关布局可以打造不同类型的玄关柜进行收纳。

（1）通道玄关柜

面积较大的玄关区可以将两侧都放置柜体，其中一侧中间做镂空设计，在视觉上更加有层次感，局部透视可以体现空间的延展性，柜体下方可以设置专门放置钥匙、钱包的抽屉。

（2）悬空柜

如果担心玄关柜体量过大，显得厚重，可以将底部设计成悬空结构，在视觉上会显得非常轻盈，日常穿的鞋子也可以放到里面。柜体内部的层板可以打造成自由调整高度的结构，这样就可以根据鞋子或者其他物品的高度，对柜体内部层板高度进行自由调节。

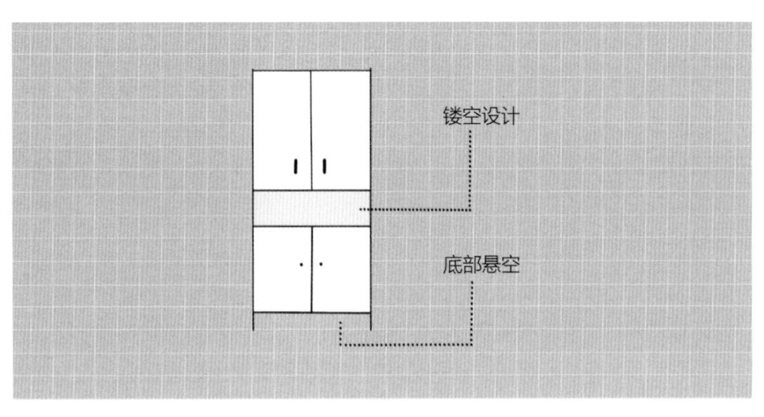

▲ 玄关收纳（一）

（3）上柜下柜

这种形态的柜子类似于厨房的橱柜。吊柜放置使用频率很低的物品，下柜放置常穿的鞋子，还可以设计一个小抽屉放置纸巾、钥匙等出门必备品。下柜的平台上可以放置植物或者各种装饰摆件，为住宅提升品质。

（4）玄关墙面收纳

平时出门使用的包、围巾、帽子、钥匙等都是高频使用的物品，玄关处墙面上设置一些挂钩或者搁板，可以让这些物品的拿取更加方便，还能节省收纳空间。

（5）收纳式换鞋凳

很多人家里是没有专门的换鞋凳的，每次都是蹲下来或者单腿站立穿、脱鞋子，不但对腰不好，还容易加重鞋子磨损。

而收纳式换鞋凳将空间利用得更加彻底，集储物、换鞋于一体，非常实用。

（6）雨伞架

现在市面上有各种各样的雨伞架，可以放置在玄关处，折叠伞和长柄雨伞都可以进行收纳，下雨天回家首先将雨伞放置好，可以避免外面带来的雨水将家中更多地方弄湿。

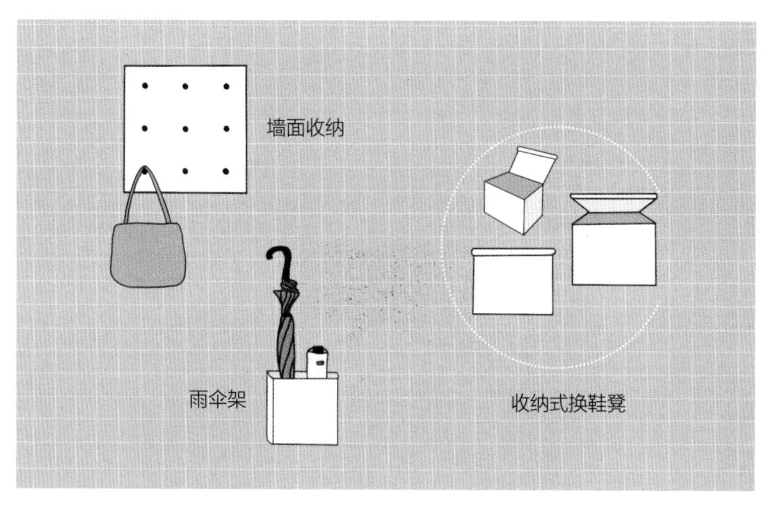

▲ 玄关收纳（二）

2. 客厅收纳

客厅的收纳区域主要集中在电视背景墙和沙发背景墙区域，虽然客厅不是家中重要的收纳储物区域，但是可以通过一些不影响客厅通透感的方式来打造收纳区，满足一家人在客厅的日常活动产生的物品存放需求。

(1) 组合式电视柜

电视柜靠墙摆放的属性已经决定了它具备扩展收纳空间的功能，传统的客厅布局一般使用独立电视柜，轻巧灵便，但它显然已经满足不现代人对于储物的需求。

打造更加灵活的组合式电视柜可以解决这个问题，它的设计感很强，高低错落，布局如同积木一样，同时可以增加储物空间。

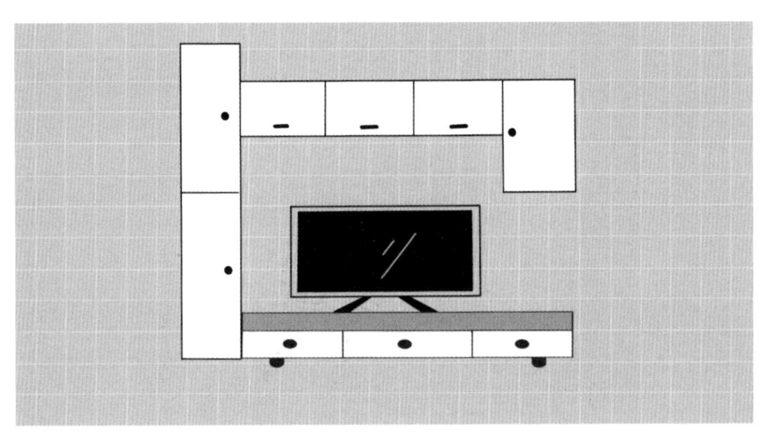

▲ 组合式电视柜

（2）整面墙电视柜

整面墙电视柜一般可以根据自己的需求进行定制，它的优点是整体性强，储物空间较大、简洁大气。

开放式储物格和封闭式储物格分别有展示和收纳功能，墙柜全部打造成开放式储物格会使日常清洁比较耗费精力，很多人会选择打造玻璃柜或者整面墙电视柜，既美观又防尘，中间还可以做凹槽放置电视机，或者将电视机隐藏起来，视觉上非常通透，丝毫没有压抑感。

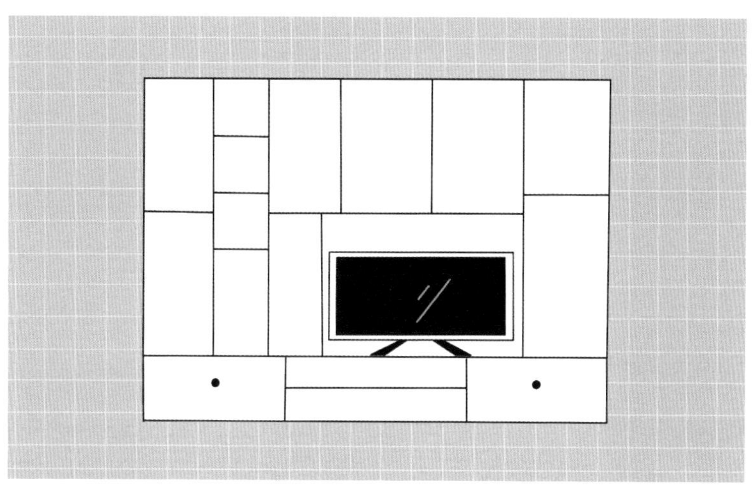

▲ 整面墙电视柜

（3）墙面+搁板

客厅的墙面值得好好利用，在客厅墙面上用搁板打造收纳区，上面可以放置书籍，也可以放置植物等装饰品，搁板的布局也有很多种方式，可以从左到右布满整个墙面，也可以打造错层搁板收纳区。

▲ 墙面+搁板

3. 卧室收纳

卧室的收纳比较重要，除了日常的衣物、被子等需要放置在卧室，一些零散的化妆品、摆件等也需要合理进行收纳。

（1）衣柜

如今定制衣柜很流行，“顶天立地”的布局不但将每一寸垂直空间利用到极致，外表也会更加美观整体，衣柜里的结构分区是需要着重考虑的部分。

首先需要对自己的衣物类型进行分类，长衣、短衣、外套等各需要多少空间，有些衣物过季后可以折叠起来放置在收纳箱或者收纳袋中，但是有些衣物不能折叠，只能挂置存放，这些空间一定要留足。

还可以在衣柜中打造一些抽屉，用来分类放置内衣、袜子、可以折叠的T恤、吊带等，衣柜的顶部空间可以用来放置过季衣物。

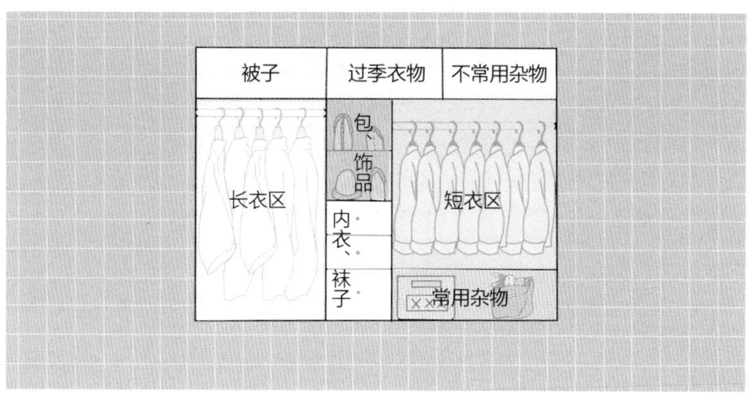

▲ 衣柜

（2）带有储物功能的床

床的储物功能主要集中在床底和床头部分。

现在床底做抽屉比起以前掀起床板拿取物品的方式（液压气动杆结构）更加方便，里面可以放置过季被子等拿取频次较低的物品。

很多床的背板也可以做储物空间，台面可以放置一些常看的书籍，侧面可以添加嵌入式格架来充分利用空间。

（3）床尾储物凳

在卧室空间足够大的情况下，可以在床尾放置储物凳，除了装饰，它的作用主要是用来放置睡前换下的衣物以及防止夜晚被子掉落。储物凳源于西方，为了贵族起床后方便换鞋，如今储物凳的功能设计逐渐跟随现代人们的需求优化，它的储物功能可以更好地利用空间。

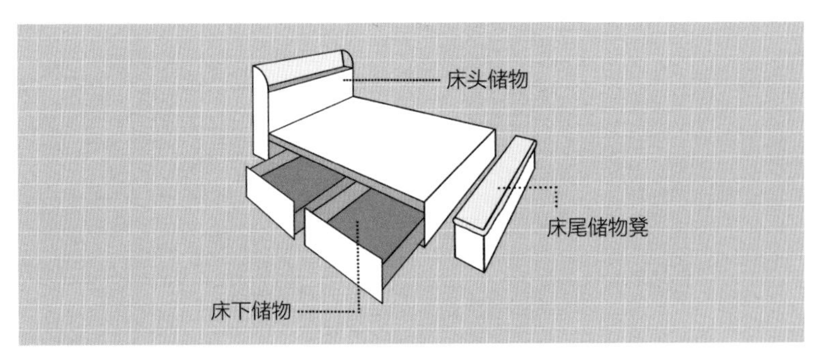

▲ 储物床

4. 餐厨收纳

厨房中一般都会做整体橱柜，储物空间主要集中在吊柜和底柜，但如何高效利用这些空间还需要根据自己的需求对内部空间进行细化。

（1）抽屉收纳

如果只追求厨房表面的整洁，而忽略橱柜内部的收纳，那厨房真实的使用体验依然不会很好。比如抽屉的内部就可以再次细化其储物空间。

原始的抽屉内部在放置物品时都是乱糟糟的，勺子、筷子、叉子、锅铲等东西都混合堆放在一起，拿取并不是十分便捷。

可以在抽屉内部根据物品的尺寸打造储物格，对物品进行分类放置，经过不断升级，如今斜向搁板收纳更加受欢迎，它可以增加格子空间的长度，放置更长的厨房物品，拿取也非常方便。

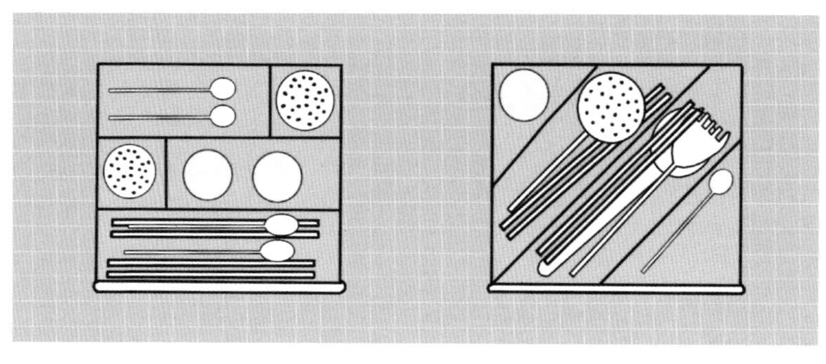

▲ 抽屉收纳

（2）转角收纳

U形橱柜和L形橱柜都会有转角区域，这是收纳的盲区，空间大却难以利用是其痛点问题。有下面几个方法可以将这个难搞的空间利用起来。

转角拉篮通过拉取的方式让物品进出更加灵活，一般转角拉篮有两种，一是内部拉篮和柜门连在一起，二是独立的拉篮，前者虽然贵一些但是更加实用。

转角抽屉用了比较简单直接的抽拉方式来解决收纳死角取物置物的问题，备用的调料、小家电都可以放在里面。

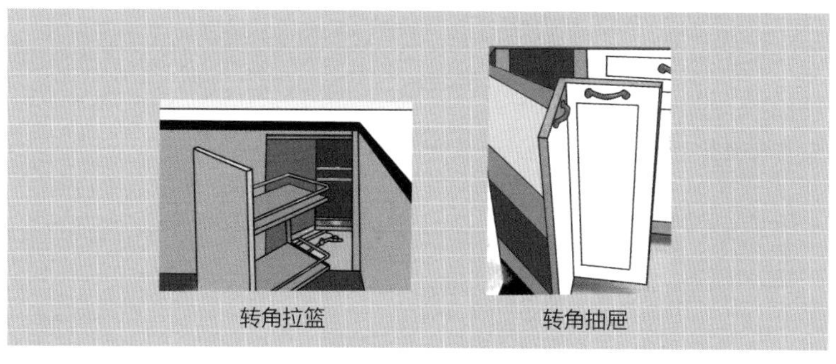

▲ 转角收纳

（3）上翻收纳

上翻收纳可以很好地利用竖向空间进行收纳。

一般宽度不够做L形布局的厨房，可以考虑贴墙做一个上翻斗柜，增加收纳空间的同时，也会让厨房显得整齐一些。

在洗手池位置，橱柜上方做上翻收纳可以放置抹布、锅刷等。

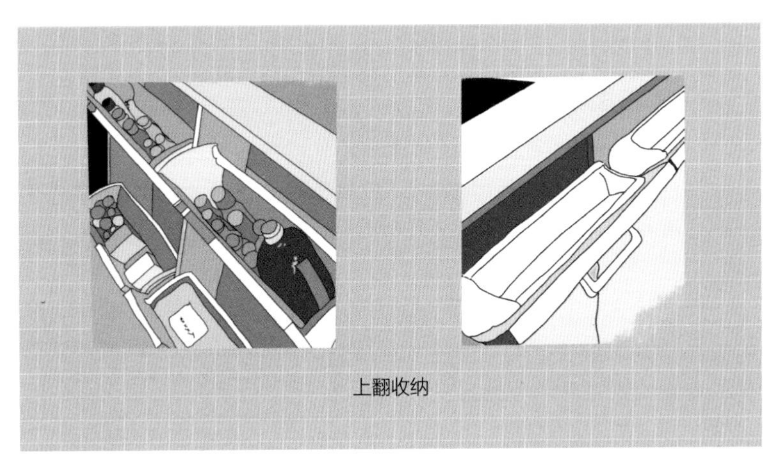
上翻收纳

▲ 上翻收纳

（4）墙面收纳

厨房的吊柜和地柜之间的距离大概为80厘米，可以在中间墙面打造一些搁板进行收纳，也可以使用洞洞板来挂置琐碎物品，比普通挂钩更加好用，也比较灵活。

传统的餐厅一套桌椅应对现代的家庭需求是远远不够的，如今餐厅区域也拓展出了更多功能，比如喝下午茶、工作、学习、阅读等，所以需要更多的收纳空间。

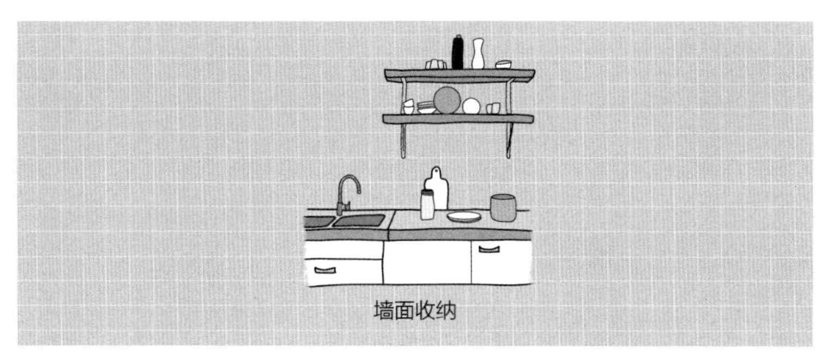
墙面收纳

▲ 墙面收纳

（5）餐边柜收纳

成品的餐边柜可以选择带有抽屉的，非常实用，开放式储物格尽量不要裸露在室内，容易积灰，所以带有玻璃柜门的餐边柜是最佳选择。它不但收纳能力强，摆上好看的碗碟或者书籍，也具有很强的装饰作用。

定制餐边柜建议和衣柜一样做“顶天立地”式，更加整体，也将空间利用得更加彻底，中间留出操作台放置烧水壶、常用水杯等物品，减轻餐桌置物压力。

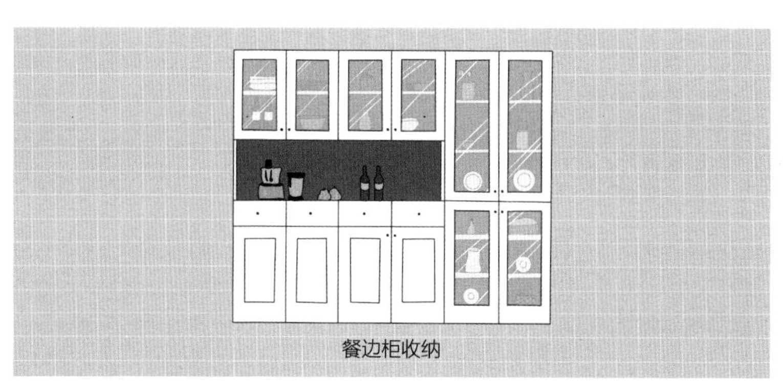
餐边柜收纳

▲ 餐边柜收纳

（6）卡座收纳

卡座的设计不仅能让用餐空间变得紧凑、节省空间，而且卡座本身还具有收纳功能，可以放置一些使用频次较低的物品。

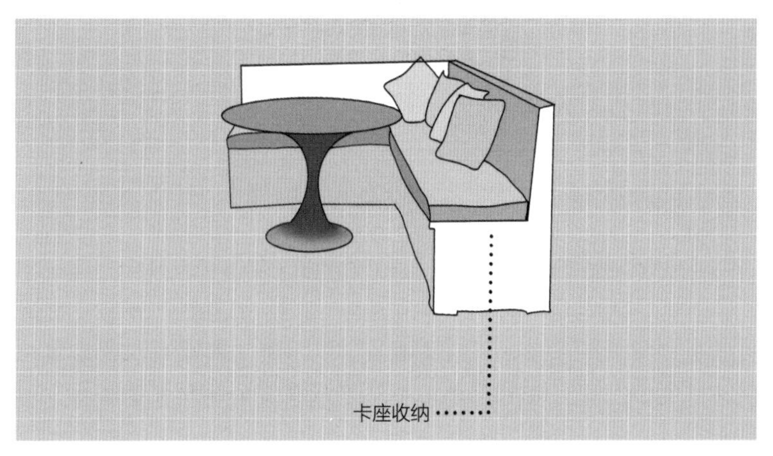

▲ 卡座收纳

5. 卫生间收纳

卫生间是使用频次较高的区域，它的便捷性会直接影响居家体验，而收纳是便捷的基础。

（1）镜柜收纳

镜柜将镜子和收纳柜的功能结合到一起，非常节省空间，适合小户型空间使用。镜柜从正面看是感受不到柜子存在的，所以视觉上会显得非常轻薄，在储物的同时还能提升卫生间的品质。如今的镜柜也在逐渐升级中，智能镜柜不但可以播放音乐，还有智能除雾功能。

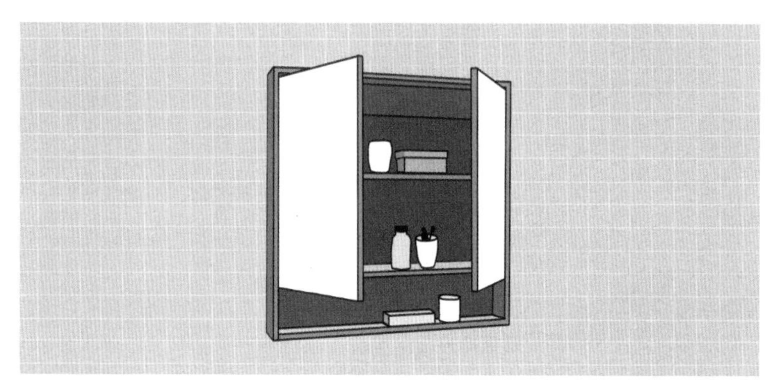

▲ 镜柜收纳

（2）梯形收纳架

梯形收纳架种类较多，普通的梯形收纳架非常轻薄，可以用来挂置毛巾、换洗衣物，移动也比较方便，可根据需求灵活调整位置。带有多层置物板的梯形收纳架可以放置洗漱用品、卫生纸等琐碎物品。角落型梯形收纳架高效利用了两面墙相交处的45°角空间。普通的三角形收纳架达到一定高度会让人有压迫感，但梯形收纳架向上收缩的结构则不会有这种感受。

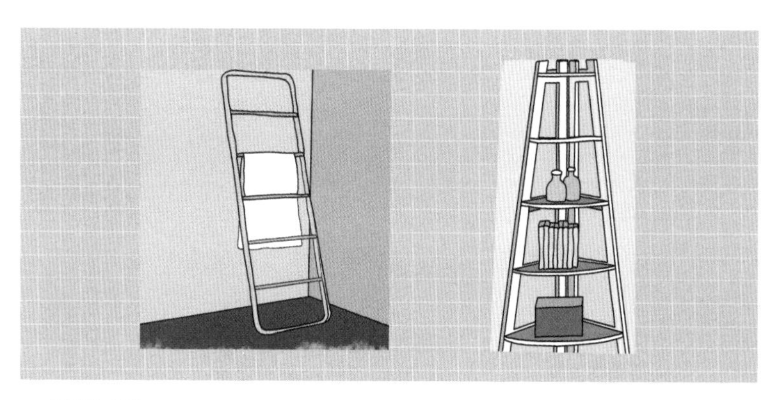

▲ 梯形收纳架

（3）壁龛收纳

壁龛简单来说就是在非承重墙上掏个洞进行收纳，前提是墙体较厚，壁龛进深一般为15~20厘米，打造的时候需注意施工的安全性。如果卫生间为了美观需要包裹管道，可以顺势在新建墙体的时候留出空间做壁龛收纳，实用又美观。

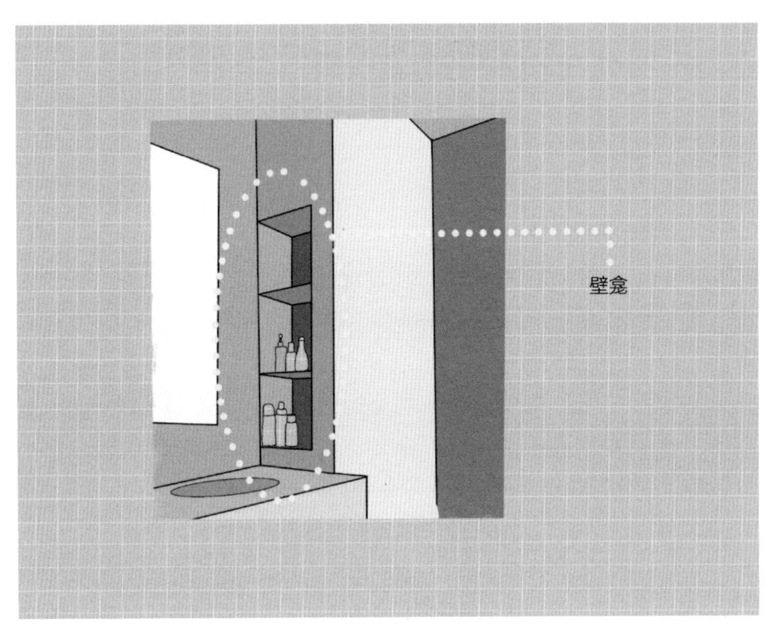

▲ 壁龛收纳

（4）插座收纳

卫生间里面需要使用插座的东西较多，吹风机、电动牙刷、洁面仪、洗牙器等，如果这些线都裸露在外面，不美观也不安全。装修之前可以合理安排插座位置，然后打造柜子将其包裹，这样就可以把这些物品都放在柜子里随时充电，关上柜门后空间也非常整洁。

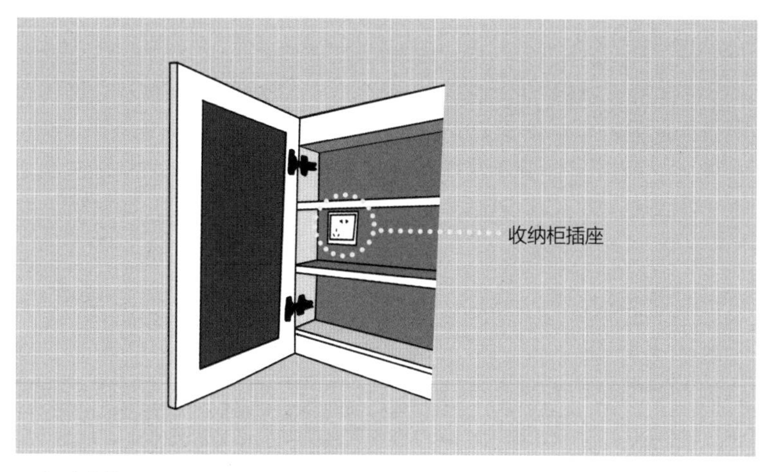

▲ 插座收纳

（5）坐便器落地置物架收纳

坐便器后方的空间往往是被忽略的，有一种专门为坐便器后方的空间打造的坐便器落地置物架，它利用坐便器后方垂直空间为卫生间增加大量收纳空间，而且完全不会影响日常动线。

▲ 坐便器落地置物架收纳

（三）拥有好的生活习惯

家中的收纳做得再好，也需要好的生活习惯来维持。作者发现大部分长期比较乱的家有一个根本原因就是不能将用完的东西物归其位。

▲ 拥有好的生活习惯

1. 给每一件物品“安家”

“物归其位”的前提是要为家中每一件物品都找到它们合理的存放位置。

▲ 给每一件物品“安家”

作者看到过很多人家中哪里空间比较大，就会在哪里无限度地堆放各种东西。比如本应该放在厨房的蔬菜瓜果也会随手堆放在客厅里，客厅里还有整箱的饮用水、卫生纸等物品堆放在一起，从来没有想过它们分别应该放在厨房或卫生间。所以收纳整理的前提是一定要给每类物品都“安家”，不然今天东西放在这里，明天放在那里，永远没有固定的位置，家中也维持不了整洁。

2. 物品位置需合理

住宅分为几个大的空间，每个大空间里还有无数个小空间，因此物品放置位置一定要符合个人的生活习惯。

▲ 物品位置需合理

比如厨房里的油、盐、酱、醋等各种调料，很多家庭一般会购买大瓶的，遇到促销活动可能会带回来很多瓶，这个时候就需要将这些调料分类放置。日常使用的就放在炉灶旁边的小的调料盒里，明面放置，触手可及，而剩下的备用调料一定要专门放置在不常用的上下橱柜里，低频使用的备用调料可能一个月拿不了几次。

高频使用的东西放在触手可及的地方可以让生活更加便捷，比如在玄关放置一个小储物盒专门用来放置钥匙、钱包、小包纸巾等每日出门必备物品，坚持一个月形成习惯后就再也不会满屋找钥匙了。

3. 定期整理，物归其位

当家中每件物品都找到合适的位置，只要日常生活中养成用完东西物归其位的生活习惯，便能长期保持家中整洁。

如果无法保持这种习惯，那么可以定期收拾整理物品，当每件物品有固定位置的时候，在收拾整理物品时会非常高效，不用跟以前一样哪里有空间就往哪里塞。

定期“断舍离”也很重要，因为在日常生活中我们是会不断购买新物品的，很多旧的衣物、玩具等放在最底层可能永远不会再使用，这个时候可以定期整理弃用的旧物，卖掉或者捐赠，这样可以保证有充足的收纳空间，也让用过的旧物变得更加有意义。

▲ 定期整理，物归其位

第七章

健康生活——打造环保之家

装修污染是很严重的问题，关乎身体的健康，网络上有很多关于室内污染及治理方法说得并不合理，下面将分类给大家讲解一下关于装修污染的小知识。

（一）有装修就有污染

首先要清楚，只要有装修就会有污染，这是无法避免的事情，要做的就是尽量将污染程度降到最低，将污染指标控制在国家相关规定的范围内，这样装修就不会对人体造成太大的危害。

（二）环保材料不能完全避免污染

市面上的环保材料不能完全避免污染。好的环保材料确实可以减轻室内空气污染，但即使每一件产品都是达标的，污染程度还是会随着家具和材料数量的增多而不断累积，由于空间大小是固定的，环保材料的累积也可能导致室内的污染超标。所以在购买环保材料的同时，也要综合考虑室内的污染问题。

（三）没有异味污染指数也会超标

没有异味室内的污染指数也有可能超标。装修中很多有害物质是无色无味的，短期内无法察觉，所以为了确保家人的健康，在入住之前，应尽量通过专业的检测机构进行检测，确认住宅是否存在污染超标的情况。

（四）身体没问题也不是绝对安全

很多人觉得自己在装修完的家中一直住着，身体没有受到任何影响，完全影响不了身体健康，但是这并不意味着绝对安全。甲醛的释放周期是3~15年，每天持续少量释放，所以它不会立刻让人感觉身体不适，但是长期生活在污染指数不达标的房间，人的免疫力肯定会受影响。为了健康，建议大家在搬进新住宅时进行一次室内空气质量检测，如果超标也可以通过专业的治理公司来进行综合治理。

（五）通风散味方法并不彻底

通风可以有效地改善室内装修污染，但这种方法并不彻底。装饰材料内部释放有害物质的过程是非常复杂的，通风可以加快有害物质挥发，但是要持续长时间通风才能实现，而且效果并不是非常彻底。

（六）污染要在源头控制

每个住宅装修时使用的材料都不一样，所以造成室内污染的成分也会有差别，室内的污染物有很多种，如果只买一两种产品就想解决室内所有污染物是不现实的。购买家具时要选择有实力的正规品牌，它们一般拥有先进的生产技术，既能保证产品安全，又能保证产品美观。

（七）植物无法真正解决室内污染

很多人喜欢通过放置植物对污染物进行过滤，植物有改善室内空气的功效，但是无法吸收装饰材料中所有的有害物质，所以无法从根本上解决污染带来的危害。

（八）活性炭不能完全解决污染

在室内放置活性炭对污染有一定的缓解作用，但是治标不治本。活性炭只能吸附其范围以内的有害挥发物，达到饱和以后就没有吸附作用。家庭中并不具备这种检测条件，不知道活性炭何时会达到饱和，即使经常更换活性炭，也无法得知污染指数是否达标。

（九）环保检测建议分两次进行

第一次环保检测在硬装结束以后进行，需要关闭门窗，24小时后检测污染指数是否达标。第二次环保检测是在家具进场以后进行，这样可以明确污染来源是装修材料还是家具。

（十）室内环境治理最好事先介入

室内环境治理一般分为两种，事先介入和事后补救。事先介入要从挑选装修材料开始，有针对性地选择装修材料，安装过程中尽量选用具有无尘安装技术的公司。装修完家具进场后，再进行室内环境综合治理。事后补救就是在装修完工，家具进场后，发现室内空气质量不达标而进行的室内环境综合净化。事先介入更能有效解决住宅的装修污染，如果选用具有抗菌作用的检验产品进行治理的话，还能够从一定程度上提升人体免疫机能。

（十一）选板式家具一定要注意质量

市场上家具一般分实木家具和板式家具两种，实木家具价格较贵，但是比板式家具环保。如果选用板式家具，建议提前购买，量好尺寸定做出来以后放在厂家进行前期有害物质挥发，装修完再运回住宅。板式家具含胶量比较高，胶里含甲醛，购买时一定要让厂商提供家具出厂的环保检测报告，ISO9000的认证，这是正规产品都应具备的。

（十二）装修中尽量减少板材的使用

在装修中定制家具、地板等板材的使用量一定要尽量减少。因为单独购买的板材甲醛含量可能是达标的，如果数量过多的板材加在一起室内甲醛含量就会超标。购买时可以尽量减少板材的使用，比如尽量不要用太多的搁板来做收纳。所以在做柜体的时候，每多做一层搁板或抽屉，就多增加一份危害。

（十三）简单的检测方法

检测室内空气质量是否达标，除了请第三方的检测公司，用专业的仪器进行检测，还有一种比较简单的方法。也可以在家中提前放几盆植物，比如价格便宜又能吸附甲醛的绿萝，放置一周后，通过观察植物是否有枯死或者发黄的现象，来判断室内空气质量大概的状态。